El
LIBRO
de las
INVESTIGACIONES
medianamente
SERIAS

El LIBRO de las INVESTIGACIONES medianamente SERIAS

ALEJANDRA ORTIZ MEDRANO

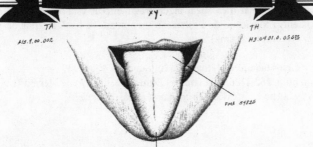

🌐 Planeta

Diseño de portada: Genoveva Saavedra / aciditadiseño
Ilustraciones de portada: Diego Martínez García
Fotografía de la autora: archivo personal
Ilustraciones de interiores: Diego Martínez García
Diseño de interiores: Diana Urbano Gastélum

© 2019, Alejandra Ortiz Medrano

Derechos reservados

© 2019, Editorial Planeta Mexicana, S.A. de C.V.
Bajo el sello editorial PLANETA m.r.
Avenida Presidente Masarik núm. 111, Piso 2
Colonia Polanco V Sección
Delegación Miguel Hidalgo
C.P. 11560, Ciudad de México
www.planetadelibros.com.mx

Primera edición en formato epub: junio de 2019
ISBN: 978-607-07-5893-5

Primera edición impresa en México: junio de 2019
ISBN: 978-607-07-5852-2

Impreso en los talleres de Litográfica Ingramex, S.A. de C.V.
Centeno núm. 162-1, colonia Granjas Esmeralda, Ciudad de México
Impreso y hecho en México - *Printed and made in Mexico*

A todas las presentes y futuras
entusiastas de las investigaciones
medianamente serias.

ÍNDICE

PARTE 2: ALIMENTOS

PARTE 3: NATURALEZA

INTRODUCCIÓN

*E*l *Libro de las Investigaciones Medianamente Serias* (LIMS) pone a tu disposición la respuesta científica a 50 preguntas que tal vez te hayas hecho, o tal vez no. En todo caso, no importa, pues aquí las hemos recopilado. El propósito del LIMS es que las respuestas generen más preguntas, pero sobre todo, que provoquen sonrisas, caras de confusión y rostros de desconcierto (¡Ah! Y también de entendimiento, o al menos eso creemos).

Después de muchas investigaciones medianamente serias (pero bastante comprometidas) hemos registrado varias respuestas en estas páginas, pero nos quedan muchas dudas sin resolver. Aunque nos sentimos cómodos (e incómodos) con ellas, estamos conscientes de que, finalmente, de dudas se construye la investigación científica y el saber humano. Así, las incógnitas que permanecen serán materia de estudio para investigaciones subsecuentes.

Eso sí, el LIMS no pretende que ninguna de sus respuestas sea interpretada como una verdad inamovible (aunque sí razonablemente sustentada). Nuestro interés es ofrecer ejemplos de cómo la ciencia genera entendimiento y explicaciones de nuestro mundo en muy diversas cuestiones, desde la razón de ser de la pelusa en el ombligo, hasta la disputa de si los gatos son mejores que los perros (o viceversa). Si el mundo y sus misterios fuera un territorio, la ciencia sería uno de los mapas para recorrerlo y hallar, aunque con mediana seriedad, un rumbo cuasi certero.

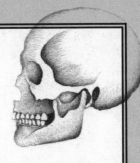

¿Pero por qué somos medianamente serios? Como lo demuestra este libro, cuando algo se toma con fuerte compromiso y dedicación, inevitablemente pierde su «seriedad»: al conocer y profundizar con gozo en cualquier tema, emergen la diversión y el placer en el proceso. En el caso del LIMS, las investigaciones científicas despiertan alegría, diversión y, en ocasiones, hasta desenfado; y aunque algunas investigaciones pueden ser trascendentes, muchas otras no lo son tanto. A decir verdad, eso no es lo más relevante. Lo que busca el LIMS es que tú, lector, y, claro, nosotros, pasemos un buen rato. La hipótesis es que, al recorrer este libro, ese gozo del que hablamos habrá llegado a ti (o al menos eso indica la evidencia preliminar: el estado anímico del personal del LIMS es de 67% risas, 24% entendimiento y 9% desconcierto. Estamos 99% seguros de que sumarás a ese 67%).

> **¡ADVERTENCIA!**
>
> Cualquier parecido con la realidad (no) es mera coincidencia. Los datos aquí presentados se basan en información completamente seria (bueno, casi) y en fuentes 100% respetables (eso sí va en serio) —a excepción de algunos pocos de los personajes, ellos sí son medio inventados (¡pero no todos!)—.

PARTE 1:

CUERPO

¿QUÉ ES LA PELUSA QUE SE ACUMULA EN EL OMBLIGO (Y POR QUÉ ESTÁ AHÍ)?

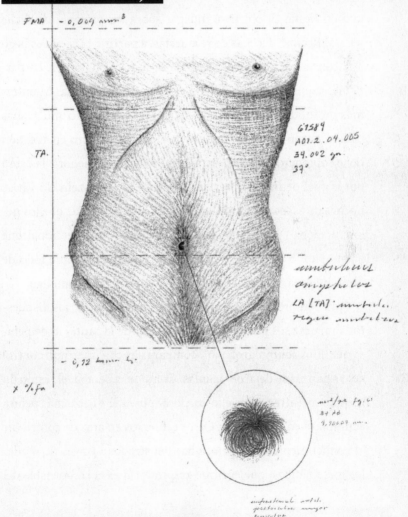

L a pelusa en el ombligo, por qué existe, cómo evitarla y de qué está formada han sido motivaciones fuertes para la investigación (de un par de hombres), que han conducido a grandes mentes a la examinación de sus propios ombligos.

Tras observar que la pelusa aparece con mayor frecuencia en algunas personas que en otras, el Dr. Karl Kruszelnicki lanzó una encuesta. El objetivo: indagar sobre los patrones de dicha pelusa. Recibió decenas de respuestas, a partir de las cuales llegó a la conclusión de que la pelusa afecta más a hombres, en particular aquellos con bastante pelo en pecho y panza. Mientras más profundidad tiene el ombligo, es propenso a acumular más pelusa, por lo que, si además de peludo, el caballero en cuestión tiene sobrepeso, la pelusa será más frecuente. Descubrir la causa por la cual ocurre lo anterior le tomó al Dr. Kruszelnicki varias noches de especulación, hasta llegar a la hipótesis de que los pelos funcionan como una especie de escoba unidireccional que va atrapando pequeñas partículas de polvo, pero sobre todo de fibras de ropa, y que termina por depositarlas en el ombligo.

Para comprobar su idea, reclutó a varios voluntarios dispuestos a rasurar sus panzas. Tomó muestras de la cantidad de pelusa que ellos acumularon para compararlas con un grupo control cuyas panzas se dejaron peludas. Como se esperaba, el resultado fue que mientras más vello corporal posea el sujeto, más pelusa acumulará en su ombligo. Otros esfuerzos en aras de contribuir al conocimiento de la pelusa han mostrado, a través de modelos matemáticos, que el ritmo respiratorio es el responsable del movimiento del pecho y que, como Kruszelnicki pensaba, los vellos funcionan como escobetillas que dirigen la pelusa hacia el cuenco del ombligo.

Sin embargo, el misterio de la composición de la pelusa seguía presente. Afortunadamente, otro investigador comprometido con su ombligo, el Dr. Georg Steinhauser, decidió aclarar la cuestión. No tuvo que reclutar a ningún voluntario, pues en un acto heroico, decidió ser su propio sujeto experimental. Durante tres años hurgó en su centro abdominal para colectar lo que ahí se acumulaba. Sin importar si se bañaba o si cambiaba de ropa diario, la pelusa seguía apareciendo insistentemente. La observó, la hizo bolita, la pesó, y no sabemos si siga guardándola, pero gracias a sus indagaciones, sabemos que la pelusa del ombligo (o, al menos, *su* pelusa del ombligo) pesaba en promedio 1.28 miligramos (algo así como dos granos de azúcar, la medida universal para el peso de cosas chiquitas), aunque hubo algunos días en los que llegó a acumular hasta 9 miligramos (aproximadamente 14 granos de azúcar).

El siguiente paso en la investigación fue dilucidar la composición de la pelusa; la primera pista vino del color. Los días que el investigador usaba camisa azul, la pelusa era azul. Los días que usaba camisa blanca, la pelusa era blanca. Las correlaciones entre la ropa siguieron emergiendo: si usaba camisas viejas, la pelusa era menor; si usaba camisas nuevas, la pelusa era más grande. De estas observaciones surgió la hipótesis de que la pelusa estaba compuesta de fibras de ropa, particularmente de la ropa que tocaba la panza: las prendas nuevas sueltan más fibras, y estas son arrastradas por los pelos hacia el cuenco que forma el ombligo. El siguiente paso para comprobar la hipótesis fue, naturalmente, un experimento: se pondría una camisa 100% algodón y después analizaría la composición química de la pelusa de ese día. El resultado fue estremecedor, pues la pelusa no resultó ser 100% algodón, contrario a lo que la hipótesis planteaba.

Gracias a muchos hisopos que han picado ombligos, sabemos hoy que la materia restante que no es ropa es una mezcla de polvo, células muertas, sudor y microorganismos, los cuales constituyen uno de los ecosistemas más diversos sobre la Tierra. Si todos los ombligos del mundo fueran un solo ecosistema, este tendría más de 2300 especies. Cada persona tiene su composición única y, hasta ahora, no se han encontrado dos ombligos iguales en cuanto a diversidad microbiana. En promedio, cualquier individuo alberga en dicha cavidad unas 70 especies, cada una de las cuales probablemente viva pensando que existe en el centro del universo. Y, de cierta forma, están en lo correcto.

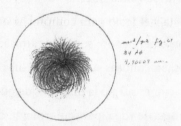

¿POR QUÉ TE MAREAS SI LEES EN EL COCHE?

Todos lo hemos vivido: ver con atención un video de 40 segundos de una receta facilísima, replicarla al pie de la letra, y tener como resultado un bodrio. La brecha entre la expectativa y la realidad causa frustración (en el ejecutante) y risas (en los demás). El cerebro vive algo similar, con la diferencia de que el resultado no son risas, sino vomitadas; muchas de ellas, en el coche.

Sabemos que estamos donde estamos, y no parados de cabeza, gracias a que el cerebro integra varios tipos de información para determinar nuestra ubicación. La vista, el tacto y el oído interno son las fuentes de información más importantes para ello, pues en conjunto colaboran para crear una expectativa de posición. Por ejemplo, si vemos objetos alejarse rápidamente y sentimos el aire en el rostro, la interpretación del cerebro es que nos estamos moviendo: se ha creado la expectativa de desplazamiento. El oído interno colabora en la creación y corroboración de expectativa debido a que tiene sensores internos de movimiento. Así, complementa a la vista y el tacto para comprobar que, en efecto, nos estamos moviendo.

Continuamente el cerebro está tomando información de los diferentes sentidos y casi siempre todos concuerdan. De este modo, las expectativas creadas por unos sentidos coinciden con la realidad, o al menos todos están de acuerdo y, por eso, pensamos que aquello que percibimos es la realidad. Pero, a veces, unos sentidos dicen una cosa y otros otra, por lo que la expectativa y la realidad son distintas.

Cuando leemos en el coche o en cualquier transporte en movimiento, los ojos se mantienen fijos en una hoja o pantalla, lo cual informa al cerebro que en teoría nos encontramos quietos. Pero el oído está percibiendo el movimiento, sobre todo si el vehículo pasa por topes, baches, vueltas o cambios bruscos de velocidad. La brecha entre expectativa y realidad confunde al cerebro, el cual enciende el botón del mareo, que poco después encenderá el de la náusea y, bueno, ojalá en ese momento se detenga o el movimiento o la lectura, pues el siguiente botón abre las puertas de salida del contenido estomacal.

Esta reacción corporal probablemente ocurre porque en la naturaleza, antes de que existieran los libros y los coches, la brecha entre expectativa y realidad de movimiento se daba principalmente por la ingesta de sustancias tóxicas, a veces conocidas como psicotrópicas e ingeridas por diversión. En el pasado, seguramente esta diversión se descubrió por envenenamiento involuntario (y tal vez no haya sido tan divertido). Uno de los efectos del consumo de estas sustancias es la alteración de los sentidos. Por ende, se cree que las náuseas y el vómito son una reacción fisiológica a esta clase de irregularidades, cuyo objetivo es expulsar del estómago aquellos venenos que podrían llevar a la muerte.

En la era moderna, si el mareo sucede en el auto, se recomienda ver por la ventana para que el oído y la vista perciban movimiento y el cerebro apague las alarmas de envenenamiento. En una embarcación, los mareos ocurren, por lo general, en lugares donde no hay ventanas y se solucionan del mismo modo que en el coche: viendo hacia el horizonte o hacia algún lugar que informe visualmente sobre la existencia de una oscilación que el cuerpo pueda confirmar.

AVISO: ——————————————————————————————

Si el efecto se desarrolla por la ingesta voluntaria y responsable de algún psicotrópico, también en la actualidad, entonces solo podemos recordar que a veces no todo puede ser risas y diversión sin un poco de mareo.

¿POR QUÉ NO ME ACUERDO DE CUANDO ERA BEBÉ?

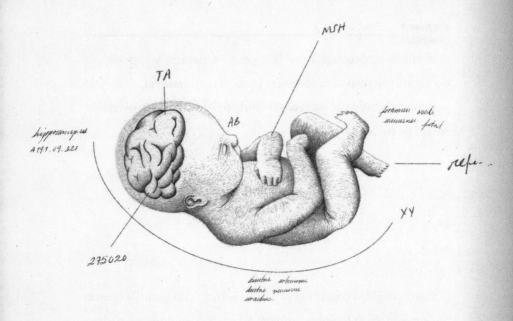

«Siento una angustia enorme. Los momentos más importantes de mi vida, es decir, los primeros, se han borrado por completo. Solo me queda lo que me dicen otras personas y estoy seguro de que mienten. Dicen que la primera palabra que salió de mi boca fue popó. Que me encantaba comerme los mocos. Que la primera vez que comí chocolate, vomité. Una serie de anécdotas escatológicas que son imposibles de acoplar con mi persona. Todo esto supuestamente sucedió antes de que yo cumpliera los tres años y, por lo tanto, argumentan entre risas que no me puedo acordar. Efectivamente, no me acuerdo de eso, pero tampoco de ninguna otra cosa que haya ocurrido en aquella época, así que el único contraargumento que me queda es el llanto; y cuando ocurre, dicen que de bebé también trataba de solucionar así las cosas. ¿Qué puedo hacer?».

Ante situaciones así, en las que otras personas evocan recuerdos de cuando nosotros mismos éramos pequeños, se pueden hacer dos cosas: creer o no creer, pero nunca tratar de convencer de lo contrario, pues es un hecho comprobado que la amnesia infantil existe y en todo mundo. La pregunta que puede ofrecer cierto consuelo es por qué ocurre esto.

Como muchas cosas sobre quiénes somos, esta tiene su origen, por un lado, en la biología humana y, por otro, en nuestros padres.

Los primeros recuerdos que tenemos se remontan generalmente a después de los tres años. De los tres a los siete años, los que prevalecen son borrosos y confusos. Sin embargo, después de esta edad la memoria parece aclararse y resulta paradójico puesto que, en realidad, durante los años de recuerdos nebulosos o ausentes, nuestro cerebro se encuentra en su máximo esplendor y expansión.

En la etapa de bebés e infantes fue cuando más cosas aprendimos dada la gran capacidad de nuestro cerebro pero, al parecer, esta gran capacidad va acompañada de poca memoria. O, en realidad , poca memoria de eventos e historias, pues si los bebés olvidaran todo lo aprendido durante esta etapa, no podrían mejorar sus capacidades y habilidades, lo cual es la base del aprendizaje.

Muchas personas piensan que esta característica infantil se relaciona con que los bebés aún no desarrollan lenguaje ni sentido de quiénes son. Todas esas personas están equivocadas, o al menos no tienen la respuesta completa. La hipótesis sería lógica si lo único que existiera fueran bebés humanos con amnesia, pero el fenómeno en cuestión ocurre también en otras especies, como ratas y monos, que no tienen lenguaje ni sentido del ser (hasta donde estamos enterados).

Lo que estas especies sí tienen son cerebros que, de cierta forma, se parecen a los nuestros: nacen bastante crudos. Es decir, les falta todavía un largo trecho para alcanzar su máximo desarrollo, en particular de una estructura llamada hipocampo que, entre otras cosas, se encarga de grabar los eventos autobiográficos.

Las memorias son como tejidos de circuitos neuronales en el cerebro. Por cada evento, hay un nuevo tejido. Cuando existe crecimiento neuronal acelerado, como en el caso de los bebés, los tejidos que se forman se vuelven inaccesibles. Es decir, muy probablemente las memorias están ahí, pero no se puede llegar a ellas.

Lo anterior se sabe gracias a experimentos con ratas, en los cuales se ha visto que el crecimiento neuronal acelerado en el hipocampo está correlacionado con poca memoria a largo plazo y viceversa. En otras palabras, si disminuye el crecimiento de neuronas, se mitiga el olvido.

Otras especies, como los cuyos, nacen con cerebros bastante desarrollados, así que después de su nacimiento tienen poca neurogénesis (producción de nuevas neuronas) y, por tanto, tampoco padecen de amnesia infantil. Pero si una intervención humana mediante inyecciones estimula su crecimiento neuronal, estos animalitos comienzan a olvidarse de algunos eventos recién ocurridos. Así que si tu primera palabra fue *popó* y no lo recuerdas, al menos puedes tener la certeza de que en ese momento tu crecimiento cerebral estaba en todo su esplendor.

Por ahora, esta es la explicación más consistente para la amnesia infantil, aunque se cree que se mezcla con otros factores de los cuales se puede culpar a mamá, papá y, en general, a todos los adultos que había a tu alrededor cuando eras chiquito.

Hay personas cuyos recuerdos más lejanos se remontan a cuando tenían dos años, mientras que en otras, sus memorias más antiguas son a los seis. Existe también una gran variedad en cuán detallados son dichos recuerdos.

La cultura, en particular la importancia que se le da a la perspectiva individual de infantes respecto de los eventos, parece ser la causa. La memoria no actúa como una simple cámara que graba los hechos; en realidad, solamente se nos quedan impresos los eventos que tuvieron algún significado profundo. En algunas culturas (o familias) se promueve preguntar a los pequeños sobre hechos que acaban de ocurrir: se les pide que platiquen cómo es que los vivieron, y se le da verdadera importancia a sus narraciones de lo acontecido. En esos contextos, los recuerdos de la infancia suelen ser más detallados y antiguos.

Por lo tanto, y a manera de consuelo, si no recuerdas esos penosos eventos llenos de vómito y lágrimas, posiblemente se deba a que se intentó no darles mucha relevancia, tal vez con el propósito de no provocarte un trauma o para que salieras pronto de la aflicción de lo ocurrido. Y si en el presente tu pasado infantil causa algunas burlas en las comidas familiares, tal vez, en realidad, no sea lo peor.

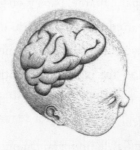

¿ES NECESARIO BAÑARSE DIARIO?

En la reunión de vecinos, convocada ante el inminente corte de agua, un tema ocupó más tiempo que los demás. La discusión inició con la pregunta de cuál bote sería el mejor para recolectar agua y sobrevivir sin ella durante cinco días. La respuesta es, claramente, que depende, sobre todo, de si se considera necesario bañarse a diario.

Bañarse con agua y jabón remueve los aceites del cuerpo, el cochambre que sentimos que se nos acumula con el paso del tiempo por el hecho de existir. Bañarse barre las células muertas, que por estar muertas nos aterrorizan tanto. Mata a las bacterias que sin permiso se han hecho de un hogar sobre nuestro cuerpo. En resumen, acaba con todo lo que beneficia a nuestra piel.

La capa más externa de la piel se compone de puras cosas que causan escozor mental: bacterias y pedacitos muertos de uno mismo. Tanto el microbioma[*] que habita sobre nosotros como la capa de células muertas que tenemos protegen las capas más profundas de la dermis. La capa exterior se mantiene en su lugar gracias a la viscosidad pegajosa lograda por las grasas y los aceites

---

[*] A la comunidad de microorganismos que viven dentro y sobre nuestros cuerpos se le conoce como microbioma o microbiota. Algunos de ellos son patógenos y causan enfermedades, aunque muchos otros son benéficos y realizan varias funciones vitales para nosotros.

o lípidos que nosotros mismos producimos, y que además funcionan como una cubierta que evita que la humedad desaparezca.

Mientras más tallones se den, más jabón se use y más baños constantes se tomen, esta fina, viva, aceitosa, pero también muerta capa se rompe y se daña. Lo anterior ocurre debido a que el jabón se mezcla con la pareja química incombinable: agua y aceite. Los jabones y detergentes funcionan al combinarse con las grasas, formando con ellas partículas que pueden disolverse en agua y enjuagarse; algo que no se podría lograr utilizando únicamente agua.

Si nos bañamos diario con jabón, no da tiempo para que la capa externa de la piel se regenere. Las consecuencias: tener que usar cremas y lociones corporales por la falta de humedad y volvernos más propensos a infecciones e irritaciones, ya que la protección que teníamos (tanto bacteriana como de nuestras propias defensas) se habrá removido. Pero probablemente una de las peores consecuencias es lo mal que puede lucir el cabello.

Para quienes gozan aún de cabellera, remover las grasas provoca que el cabello se vea seco o a veces grasoso, en cualquier caso, que se vea mal. En algunas personas, las grasas no se recuperan y eso conduce a la sequedad. En otras, el cuero cabelludo se desconcierta y responde de manera lógica ante la falta de aceites produciendo más. Para todos, el resultado es una cabellera limpia, pero medio fea, y una molesta comezón.

Ahora, hay cosas peores que bañarse diario, por ejemplo, haber sido un niño que se bañaba diario. A menos que un infante esté muy cochino y apestoso, lo recomendable es bañarlo entre una y dos veces por semana, ya que su sistema inmune se está desarrollando, lo cual significa que necesita de pequeñas dosis de infeccioncillas para entrenarlo. Estas pequeñas dosis las proporcionan los microorganismos que viven en la tierra, algo que comúnmente asociamos con suciedad y queremos lavar a zacatazos.

Ya de adultos, la frecuencia del baño es una decisión personal. Si bien, no bañarse diario ofrece la posibilidad de un cuero cabelludo sano y una piel radiante, también abre la puerta a que nadie quiera acercarse a sus portadores. Los olores apestosos del cuerpo son, por lo general, compuestos aceitosos que solo pueden removerse con jabón. Probablemente, dos o tres duchas a la semana sean suficientes para mantener un equilibrio entre salud y vida social, y de paso, calcular cuánta agua se necesita recolectar en los cortes, teniendo en cuenta que bañarse por 10 minutos en la regadera consume aproximadamente 200 litros, mientras que un sano e higiénico baño vaquero tan solo unos 10.

Dado que en el mercado puede encontrarse una gran variedad de receptáculos para el agua, que van desde los 5 a los 200 litros, el mejor bote para recolectarla según la regularidad de los baños sigue dependiendo de una decisión personal: su duración y su frecuencia.

¿EL ESTRÉS PRODUCE CANAS?

L a vecina jura que, después de haber visto el fantasma de su primo, al día siguiente otra aparición repentina se presentó: su característico mechón de canas. Su marido afirma cínicamente que el mechón ha sido provocado por cuidar de sus cinco hijos y de él mismo. Sin embargo, ya sea que una u otra razón sea correcta, encontramos que la raíz de ambas está en el estrés y, por lo tanto, ambas hipótesis están equivocadas.

¿POR QUÉ?

Los melanocitos son células que producen pigmento en el cuerpo. Pegada a la raíz de cada uno de los cabellos (o cualquier otro tipo de pelo) de la vecina, solía existir una fábrica individual de melanocitos encargada de proveer células que pigmentaban cada fibra o pelo que iba saliendo del cuero cabelludo.

Estas fábricas funcionan por ciclos al mismo ritmo de crecimiento del cabello: cuando una tira de pelo llega a su máximo, la raíz detiene la producción. Después de algunos meses de estar en pausa, ese cabello se cae y la raíz inicia otro ciclo construyendo uno nuevo. La fábrica de melanocitos también se para cuando el cabello deja de crecer y reinicia sus trabajos cuando aparece un nuevo cabello por colorear. Excepto que a veces la fábrica cierra sus puertas para siempre.

Este hecho, en la apariencia de la vecina, significa que el cabello comienza a encanecer. En términos más generales significa que el cabello encanece poco a poco, en un proceso en el que comienza a crecer decolorado a partir de un momento particular.

Es decir, no se despinta súbitamente. Por ello, resulta imposible que el cabello se torne blanco de la noche a la mañana, ya sea por un susto o cualquier otra cuestión transitoria.

La industria de la belleza y la ciencia han dedicado grandes esfuerzos y cuantiosas cantidades de dinero para descubrir qué factores, además de la edad y la genética, podrían estar interviniendo en el encanecimiento. No existe evidencia de que la comida, el estilo de vida o el estrés (ya sea causado por maridos conchudos, jefes antipáticos o cualquier otro problema cotidiano) afecten este proceso. A menos de que el estrés del que se esté hablando no sea el de mantener la casa en orden y la comida a tiempo, sino de otro tipo: el estrés oxidativo.

Así como las personas o cualquier ser vivo se estresan, es decir, responden de una forma particular a estímulos externos que parecen dañinos o amenazantes, en las células al interior de nuestro cuerpo pasa algo parecido: ellas se estresan también.

El estrés oxidativo, también conocido por su nombre de villano, «el radical libre», se refiere al daño que las moléculas de oxígeno causan en la maquinaria celular: altera lípidos, proteínas, membranas e incluso el ADN, por lo que tiene como consecuencia que las células dejen de funcionar correctamente. Se genera casi con cualquier cosa, como respirar o fumar y por algunos factores ambientales como la contaminación.

La buena noticia es que el cuerpo tiene mecanismos de defensa, como enzimas que contrarrestan los radicales libres al impedir que actúen sobre las células. Estas enzimas estabilizan las moléculas de oxígeno y por eso reciben el nombre de antioxidantes. Lo malo es que realmente no hay forma de librarse de ellos por completo, debido a que con la edad los mecanismos de defensa van disminuyendo, y los radicales libres, aumentando. El resultado de la ecuación es que las estructuras celulares se dañan progresivamente, causando poco a poco el envejecimiento del cuerpo.

El envejecimiento en el cabello se manifiesta como canas y calvicie, y el estrés oxidativo sí tiene un rol en la pérdida de color (y de cabello): acelera la clausura de la fábrica de melanocitos. Probablemente ese no sea el estrés al que se refiere el marido de la vecina mientras le pide, con completo descaro, que no descuide su apariencia y se compre un tinte.

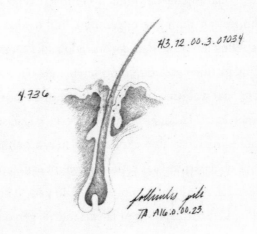

¿EXISTE EL GEN DE LA INFIDELIDAD?

En el LIMS seríamos un millón de veces más ricos si aceptáramos todas las propuestas que nos llegan para justificar, científicamente, comportamientos que pueden ser reprochables para la mayoría de las personas, como la infidelidad. Desafortunadamente para quienes nos hacen esas propuestas, somos medianamente serios, no carentes de total seriedad, y sabemos que realizar justificaciones así no solo sería injusto, sino también inválido.

Existen genes para muchas cosas, pero para muchas otras no. En especial no existen los que se relacionan con cuestiones de comportamiento tan específicas como la infidelidad, que no es un rasgo claramente delimitable como lo es el color de cabello.

Quienes afirman que el gen de la infidelidad existe se basan en estudios donde se han encontrado asociaciones entre la promiscuidad (interpretada como tener más de una pareja sexual simultánea) y algunas variantes de genes en las que intervienen tres moléculas: la dopamina, la oxitocina y la vasopresina (cuyas funciones merecen una explicación más adelante). Las relaciones que encuentran esos estudios son interpretadas como que si fuiste infiel, un alto porcentaje (entre 40 y 60%) de ese comportamiento puede explicarse por la variante de gen que posees.

Lo anterior tiene cierto sentido, pues la vasopresina y la oxitocina (dos de las moléculas que mencionamos anteriormente) tienen efectos en los comportamientos sociales de los mamíferos. Fomentan la empatía, la confianza, el apego sexual y el establecimiento de relaciones o uniones a largo plazo. La dopamina, por su parte, es un neurotransmisor que se encarga de que las cosas emocionantes se sientan bien en el cerebro. La lógica de que estos genes sean capaces de dar una explicación a la infidelidad yace en que las variantes «infieles» tendrían menos sensibilidad a esas moléculas, y por lo tanto les dificultaría sentir apego, unión y excitación, lo cual fomentaría ir en búsqueda de emociones fuertes en otras camas.

El problema es que existen varias inconsistencias con estos estudios, así como con la mayoría de los que encuentran correlaciones entre genes y comportamientos complejos. En primer lugar, con frecuencia son estudios que no han podido replicarse, es decir, que otras investigaciones no arrojan los mismos resultados, ni siquiera resultados similares. A veces, hasta se encuentra todo lo contrario: asociaciones inexistentes entre los genes y la infidelidad, por ejemplo. Un solo estudio sin réplicas no es ni cercanamente suficiente como para afirmar que un comportamiento está determinado o influido por un gen particular.

Este problema es tan grande que incluso la comunidad científica dedicada al comportamiento humano ha alertado sobre cómo ese tipo de afirmaciones contribuyen más a la confusión que al conocimiento (nos gustaría decir que esta alerta tuvo como base los consejos del LIMS, pero la verdad es que lo hicieron a través de toda su experiencia en el campo).

Otras cuestiones problemáticas sobre este tipo de estudios se asocian con el modo en que conciben la genética y el comportamiento. Las conductas humanas, por ejemplo, la sexual, dependen de muchas influencias e interacciones como la cultura en la que crecimos y en la que vivimos, las relaciones que tuvimos como ejemplo a seguir, la ética y moral, etc. En ese mar de influencias es posible que también se encuentre la predisposición genética, pero, si sabemos que cerca de 50% de la población mundial ha estado en algún momento en una relación paralela a la de su pareja «oficial» (lo cual no es una estimación del LIMS, sino un dato real hecho por personas muy serias) y que menos de 10% carga con las variantes de genes que se han encontrado para explicar la infidelidad (de las cuales, no todas han «puesto el cuerno»), entonces pareciera que la genética, aun si creyéramos que tiene un efecto, explica muy poco de ese comportamiento.

Aunque estos problemas existen en muchos contextos, abundan bibliografía y noticias sobre descubrimientos de genes individuales que explican comportamientos complejos y tan específicos como el emprendedurismo y las tendencias políticas. La visión del mundo que evocan estas notas es que los seres humanos carecemos de poder de decisión sobre nuestros impulsos y sensaciones, como si no pudiéramos hacer nada al respecto de la genética. Lo cual a algunas personas puede resultar reconfortante porque las exime de responsabilidad y agencia. De ahí que tantas vengan al LIMS en busca de esas justificaciones.

Lamentablemente (para ellos) no es así: ni la genética, ni el comportamiento, ni el LIMS pueden reconfortarlos.

¿POR QUÉ CUANDO NO DUERMO ME PONGO DE MALAS?

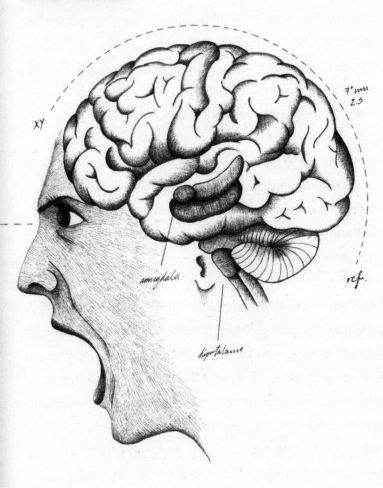

Esta es la historia de un hombre increíble que a todo mundo caía bien, excepto por los días que seguían a las noches en que dormía mal, que eran casi todos. Así que solo era increíble ocasionalmente. El resto del tiempo era en realidad insoportable.

Durante uno de sus días buenos se propuso hacer una investigación medianamente seria sobre su problema: ¿por qué cuando no duermo no soy tan encantador?

Inició la investigación preguntando a sus conocidos. Los resultados fueron informativos, pero no en el sentido deseado. Algunas de las respuestas que obtuvo fueron:

1. **Porque me gritas.**

2. **Porque me contestas ladrando.**

3. **Porque te enojas por cualquier cosa.**

4. **Porque parece que me odias.**

5. **Por todas esas caras que haces.**

Las respuestas le quitaron el sueño durante algunos días. Cuando finalmente logró dormir bien, se dio cuenta de que había planteado la pregunta a las fuentes incorrectas. Lo que él quería saber era la causa por la cual la falta de sueño lo convertía en Míster Hyde, no la forma en que los demás se daban cuenta de esa transformación. Así que se puso a investigar.

El responder golpeado, saltar a la primera y gruñir ante la incomodidad más nimia pueden achacarse a una pequeña parte del cerebro llamada amígdala. Esta estructura del tamaño de una almendra es capaz de controlarnos por completo, o visto de otra forma, de llevarnos al descontrol. Tiene un papel esencial en el procesamiento de las emociones, en particular de las aversivas, como el miedo y la ira. Una amígdala muy reactiva y alterada (que con frecuencia es producto del estrés sostenido) provocará comportamientos que respondan a esas emociones, lo cual usualmente vuelve a la gente intolerable para sí misma y para los demás.

Pero hay veces que aun ante estímulos negativos y emociones aversivas, la persona se gobierna, responde con calma y puede llevar cualquier fiesta en paz. Cuando la amígdala trabaja en equipo con otra parte del cerebro, la corteza prefrontal, las respuestas resultan más apropiadas al contexto, sin dramas ni exabruptos. Esto ocurre porque la corteza se encarga de procesos racionales que, en conjunto con las emociones, permiten tomar mejores decisiones, como no romper platos (o cualquier tipo de objeto) al tratar de solucionar un conflicto familiar (o cualquier tipo de conflicto).

Este sistema necesita del sueño para funcionar correctamente. Si no se duerme bien, digamos que por unas 35 horas seguidas (como hicieron varios voluntarios para una investigación científica), las respuestas ante los estímulos negativos son más amigdalosas. Aun sin llegar a esos extremos, si un adulto no duerme en promedio entre 7 y 9 horas (entre 8 y 10 un adolescente, entre 9 y 11 un niño, y así hasta llegar a más de 14 horas de sueño necesarias para los recién nacidos), con ligeras variaciones en este promedio, puede comenzar a presentar problemas como el tremendo mal humor y la falta de atención.

Una noche de buen sueño resetea el sistema y vuelve a las personas menos reactivas. Además, las provee con más herramientas para tratar de resarcir el desastre emocional que seguramente causaron por sus desvelos.

Con esta información y un par de noches de dormir como bebé, este hombre tomó una de las mejores decisiones de su vida: evitar cualquier tipo de interacción social cuando durmiera mal. Así, solo fue insoportable para sí mismo casi todo el tiempo, pero no para los demás.

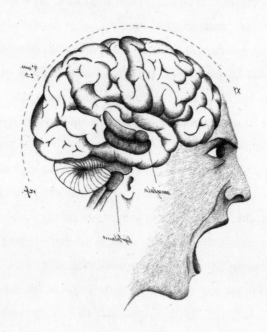

¿POR QUÉ LOS TATUAJES SON PERMANENTES?

El LIMS ha observado el patrón repetirse numerosas veces: personas que, convencidas de amar para siempre a alguien en particular, deciden marcar su cuerpo con una cosa que también se presume eterna: los tatuajes. En los casos que han llamado más la atención el amor se esfuma, mientras que la marca indeleble de un corazón atravesado por el nombre de la persona examinada, no. La persistencia de los tatuajes parece más duradera que la del romance. ¿Por qué? Puesto que son una herida que nunca termina de sanar.

Cuando alguien se tatúa, la tinta entra al cuerpo por debajo de la capa más superficial de la piel, la epidermis. Una o varias agujas introducen la tinta que el sistema inmune percibe como un ataque ajeno al cuerpo. Como consecuencia, prepara a su armamento de células: macrófagos y fibroblastos.

Los macrófagos (del griego μακρός [makrós] = grandes, φαγείν [phageín] = comedores) comen y mucho, como lo indica su nombre. Son glóbulos blancos encargados de deglutir elementos extraños, cosas que ya no nos sirven o que nos están atacando, por ejemplo microorganismos, desecho celular e, incluso, cáncer. En el caso de los tatuajes, los macrófagos se tratan de comer a las partículas de tinta depositadas en el cuerpo. Sin embargo, estas partículas son demasiado grandes y los macrófagos, en general, no pueden con ellas.

Cuando algunos de ellos lo logran, transportan los desechos a unas bolitas que son parte del sistema inmune: los ganglios conocidos como nódulos linfáticos. Pero para la mayoría no es así, por lo que nuestros valientes guerreros macrófagos mueren en el mismo lugar en que se alimentaron y quedan suspendidos en la dermis, que se encuentra por debajo de la epidermis. Parte de lo que observamos en un tatuaje son estos cadáveres de macrófagos con tinta encapsulada en su interior, pero lo que más vemos, además de arrepentimiento y macrófagos muertos, es algo distinto.

Los fibroblastos, otro tipo de células, se encargan de formar varias de las sustancias y proteínas que conforman los tejidos estructurales de la piel. Cuando hay una herida, los fibroblastos tienen un papel muy importante, pues ayudan a reparar y volver a formar los tejidos. Con los tatuajes, los fibroblastos no paran nunca de trabajar, y esto es lo que los hace permanentes.

Los fibroblastos se comen a las partículas de tinta, pero se quedan suspendidos en la piel, sin migrar a ningún lugar, ya que estas células nacen y mueren ahí mismo. Si eventualmente mueren, otros fibroblastos se alimentan de ellas en el mismo lugar. Así, nuestras propias células tratando de reparar el tejido permanentemente son lo que hace que los tatuajes duren para siempre. O al menos tan para siempre como nuestra percepción de la eternidad nos da a entender.

Dicho eso, existen también procesos naturales y artificiales que pueden desaparecer los tatuajes. Los rayos UV del sol rompen las partículas de pigmento en otras más pequeñas, lo cual facilita que los macrófagos sean capaces de comerlas y así deshacerse de ellas. Los tratamientos láser para remover tatuajes funcionan de manera similar: mandan un rayo láser a los pigmentos para romperlos y después dejan que el proceso inmune del cuerpo se encargue del resto.

Porque nada, ni los tatuajes, son para siempre.

¿POR QUÉ A ALGUNAS PERSONAS LES CAMBIA LA TEXTURA DEL CABELLO CON LOS AÑOS?

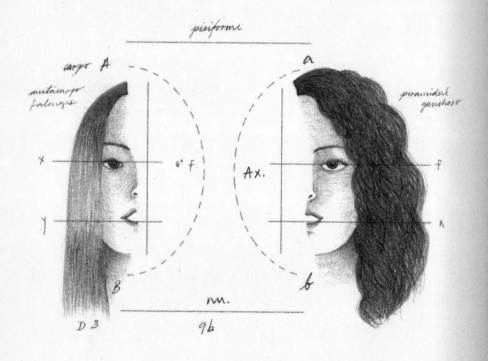

Tanto en el LIMS como en la vida abundan los misterios. La diferencia reside en que en el LIMS tratamos de que no abunden los misterios mal resueltos, algo que en la vida sí es muy frecuente: ignorar que lo que se cree sobre algo está mal y, de hecho, pensar que está bien. Tal es el caso de muchas personas que aseguran que las hormonas y sus cambios son los responsables de que la textura del cabello se modifique radicalmente con la edad.

Ya lo adelantamos, pero que no quede duda: no es así. O más bien, no existe evidencia de que los cambios hormonales sean la causa de que alguien que solía tener el cabello lacio durante la juventud goce de una melena china durante la madurez; por qué ocurren estos cambios sigue siendo un misterio sin resolver.

Sin embargo, existen otros cambios en la textura del cabello que sí tienen explicación. Son cambios súbitos y están relacionados con la salud. Por ejemplo, el hipotiroidismo, en el cual la glándula tiroides funciona a un menor ritmo de lo normal y, por lo tanto, causa cambios hormonales que vuelven el cabello más fino y quebradizo. La nutrición pobre o la infección del VIH también pueden ocasionar que el cabello se vuelva más débil y lacio.

La textura del cabello (lacio, chino u ondulado) está determinada por la estructura del folículo piloso, es decir, el pequeño orificio donde nace el cabello en el cuero cabelludo. No se sabe exactamente cómo es que el folículo logra que el cabello tenga tal o cual textura, pero al parecer hay genes y proteínas involucradas que le dan formas diferentes al folículo. Si tiene forma redonda, la tira de cabello que sale de él lo hará de manera recta y resultará en una cabellera lacia. Pero si tiene forma elipsoide o de S, con partes asimétricas, la tira de cabello se enchinará. Es parecido a cuando un listón para envolver regalos se riza al deslizarlo por el filo de unas tijeras: algo similar le sucede a la tira de cabello al pasar por un folículo asimétrico.

La forma de los folículos está determinada desde antes de nacer y permanece constante por el resto de la vida. Por ello, los numerosos casos de personas a las que les ha cambiado la estructura del cabello son especialmente misteriosos. Resalta, en particular, el de un adolescente de cabellera muy rizada que, tras haber recibido un tratamiento para corregir la pérdida súbita de cabello en una pequeña región del cuero cabelludo (15 cm^2), terminó con cabello lacio en dicha zona en vez de su característico pelo chino. Que no quede duda: el muchacho tiene ahora dos tipos de cabello y mucho misterio en una misma cabeza.

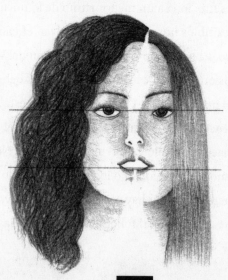

¿QUÉ PASA EN LA PIEL CUANDO SALEN OJERAS?

Después de recopilar miles de casos e investigaciones medianamente serias sobre el cuerpo humano y la belleza, podemos afirmar que para casi cualquier pregunta relacionada con este tema la respuesta es la misma: la edad. Los años pasan por todos nosotros, y no nos referimos solamente a que pasen por cada uno, sino que pasan por todo lo que nos constituye. Entre esas cosas constitutivas está la piel alrededor de los ojos.

En torno a ellos se encuentra la piel más delgada de todo el cuerpo, así que lo que hay debajo de ella es mucho más visible: músculos y pequeños vasos sanguíneos que aparentan un color purpúreo, responsables de los círculos oscuros que ocasionan que la gente crea que acabamos de pasar una noche de desvelo.

Y a veces tienen razón.

La falta de sueño provoca que los vasos sanguíneos se dilaten y que el color de los círculos sea más oscuro. Otro factor que empeora esta condición son las bolsas en los ojos, cuya sombra ocasiona que los círculos se vean más opacos.

Las órbitas de los ojos son como esponjas que retienen fluidos con facilidad. Cuando esto ocurre, se genera la hinchazón, la cual es más común al comer mucha sal, dormir en posición muy horizontal (sin mucho soporte de almohadas), no dormir o como consecuencia de alergias o desajustes hormonales. Le puede pasar a cualquiera sin importar edad o género, aunque, como casi todo lo feo del cuerpo, ocurre con mayor frecuencia mientras más edad se tenga.

Al envejecer la piel (toda la piel, no solamente la de los ojos) pierde colágeno y elastina, las proteínas que le dan estructura y elasticidad. Por ello, la apariencia externa comienza a lucir de la forma que coloquialmente se describe «como de pasita». En las órbitas oculares la piel se afloja, así que la grasa que hay dentro cuelga, provocando bolsas cada vez más grandes. Al volverse más delgada, la piel deja visibles vasos sanguíneos que, en combinación con las bolsas, le dan una apariencia ojerosa a la gente.

Existen otros factores que aumentan la hiperpigmentación periorbital, que es el concepto elegante para este fenómeno. Por ejemplo, alergias o contaminación, o la mera suerte, es decir, herencia genética.

Por lo regular, los tratamientos como las cremas despigmentantes, el ácido retinoico, los *peelings* y el láser, tienen resultados subóptimos, pues se tienden a generalizar las causas, que pueden ser tan variadas como haberse dado un atracón de papas fritas, hasta haberse desvelado viendo películas (o ambas cosas al mismo tiempo).

Claro que para la causa más común no existe ningún tratamiento, pues aún es imposible hacer que el reloj vaya marcha atrás.

¿HACE DAÑO TRONARSE LOS DEDOS?

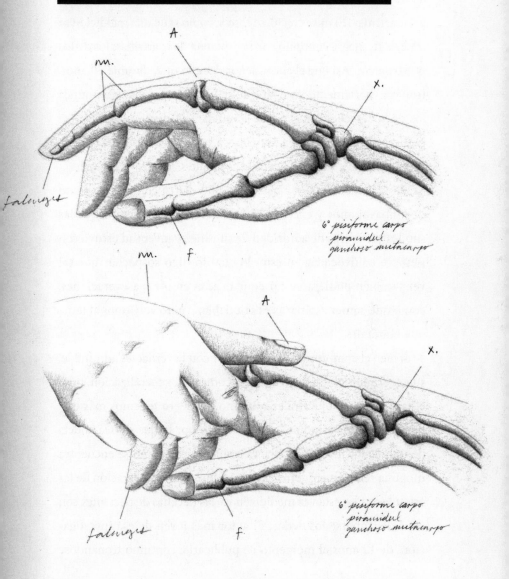

nn.

A

X.

falanges

6° pisiforme carpo
piramidal
ganchoso metacarpo

nn.

f

A

X.

falanges

f

6° pisiforme carpo
piramidal
ganchoso metacarpo

Hubo una vez un niño al cual su madre y varias tías le repetían, cada vez que jalaba uno de sus dedos y el clásico sonido de «crack» llegaba a ellas: «si te sigues tronando los dedos, te va a dar artritis». El niño creció, se casó y, como si de una maldición se tratara, su suegra continúo con la cantaleta de la artritis y los dedos que truenan. Así que el ahora señor decidió que, durante 50 años, tronaría diariamente los dedos de su mano izquierda, pero nunca los de la derecha, con el fin de acumular suficiente evidencia que pudiera validar o refutar a su madre, a sus tías y a su suegra (parece inverosímil, pero el LIMS debe aclarar que sí, este caso es real).

Después de acumular más de 36500 datos, comparó la salud de ambas manos y encontró cero diferencias. Concluyó que las supuestas figuras de autoridad de su niñez y juventud estuvieron siempre equivocadas en esto, lo cual lo hizo sospechar que tal vez también pudieran estar equivocadas en otras aseveraciones, como que comer espinacas es saludable... pero volvamos al tema que nos atañe.

Si bien el compromiso de este señor con la verdad es admirable, su experimento no puede tomarse como una generalización, pues el tamaño de la muestra es solo uno (él). Pero tenemos más evidencia en otros estudios, uno motivado por lo que dijo la abuela de uno de los investigadores. El resultado es que no se encuentra ninguna relación entre tronarse los dedos y la degeneración de las articulaciones, esta vez medido en varias decenas de pacientes con años de tronarse los dedos. El autor más joven de esa investigación, de 12 años al momento de publicarla, continuó tronándose los dedos durante el resto de su vida sin mostrar ni empacho ni consecuencias negativas en la salud de sus manos, aunque sí un ligero aire de descaro frente a su abuela.

Así que tenemos claro que tronarse los dedos solamente es molesto para quien lo escucha, pero no tiene ninguna consecuencia negativa en quien lo hace. Sin embargo, el misterio y la controversia rodean a este hábito, pues durante décadas se ha tratado de dilucidar qué es lo que produce el sonido del fenómeno en cuestión.

Entre los nudillos, como entre cualquier otra articulación, se encuentra un líquido llamado sinovial, cuya función es lubricar la zona de la articulación para que esta pueda moverse suavemente. Una de las explicaciones más convincentes sobre el sonido que se produce al tronar los dedos dice que al separar los huesos de un dedo, el espacio entre las articulaciones aumenta, lo cual cambia la presión. Este cambio de presión, como ocurre cuando se abre un refresco, provoca que los gases disueltos en el líquido formen burbujas. Acto seguido, el líquido sinovial entra a llenar el hueco y, como no puede haber líquido y burbujas ocupando el mismo espacio, las burbujas truenan con el característico sonido que todos conocemos.

Esta hipótesis fue bastante convincente ya que, entre otras cosas, explica por qué un dedo no puede tronarse una y otra vez sin descanso, sino que deben pasar varios minutos para que las articulaciones regresen a su postura normal y posteriormente sea posible volver a jalarlas; asimismo, los gases deben disolverse en el líquido para poder formar burbujas de nuevo.

Si bien mucha gente aceptó la idea, muchos otros aplicaron el «hasta no ver, no creer». Tratando de resolver el misterio de una vez por todas y asumiendo literalmente el refrán anterior, un equipo investigador tomó imágenes en tiempo real del interior de las manos al tronar los dedos. Las fotografías y los videos muestran que las burbujas realmente se forman, pero que no estallan al tronar los dedos.

Lo que sí coincide con el sonido es la cavidad o hueco que se forma cuando se separan las articulaciones. El fenómeno se llama tribonucleación y ocurre cuando dos superficies inmersas en un líquido con gas se resisten a separarse, hasta que la resistencia no es suficiente y se desarticulan rápidamente, creando cavidades donde se forman burbujas. Así, sería la formación de estos huecos lo que produce el sonido y no las burbujas.

Podría parecer que la controvertida historia de la investigación científica sobre tronarse los dedos se hubiera resuelto aquí, pero recordemos que, en el proceso científico, se obtienen grandes satisfacciones al probar que otros estaban mal. Las investigaciones más recientes apoyan la idea, a través de modelos matemáticos, de que la causa del sonido es el colapso de burbujas, pero burbujas muy, muy pequeñas que no alcanzan a ser vistas por las cámaras con las que contamos en la actualidad.

El misterio continúa hasta la fecha, así como las abuelas, los abuelos, tíos y las personas en general que siguen afirmando que tronarse los dedos es dañino. Eso sí, hay que agradecerles por su insistencia, pues sin ella nunca habríamos llegado a la creación de todas estas investigaciones.

¿POR QUÉ TODOS LOS BEBÉS RECIÉN NACIDOS SE PARECEN TANTO?

Así como la belleza depende del ojo de quien la mira, el parecido también. Aunque en este caso, el parecido depende de la edad de quien lo encuentra.

Salvo algunas excepciones, las personas adultas son excelentes reconociendo las caras de otras personas adultas. Pero si se les presenta la cara de un adolescente, o peor, de un niño, o peor aún, de un bebé, o mucho peor aún, de un bebé recién nacido, la cosa cambia. Este sesgo se conoce como el «efecto de otra edad» en el cual, como su nombre lo indica, las caras de otras edades a la propia son difíciles de distinguir unas de otras. Y no pasa solo con otras edades, sino también con otras razas, en algo llamado el «efecto de otra raza», lo cual explica por qué muchas personas no chinas podrían jurar que «todos los chinos son iguales», al mismo tiempo que muchas personas chinas juran que «todos los caucásicos son iguales».

La explicación a ambos sesgos es la exposición a los diferentes rasgos de las caras. Los adultos tienden a pasar más tiempo con adultos que con niños. Excepto los docentes de kínder o primaria, en cuyo caso, la habilidad de notar las diferencias entre caras de infantes es mayor al de otras personas que no pasan tanto tiempo con personas de esa edad.

En el caso de los recién nacidos, casi nadie les ve las caras con regularidad. Aparecen muy poco en la televisión y otros medios (es más frecuente ver a infantes), y en la vida real, cuando nos encontramos con ellos, su cara no es tan fácilmente accesible, pues están dormidos, comiendo o siendo cargados por alguien. Además, es difícil sostener una conversación o cualquier tipo de convivencia cara a cara con ellos.

Este «problema» no solo le pasa a la gente adulta. Los niños tienden a ver a todos los adultos muy parecidos y reconocen con mayor facilidad las diferencias en los rostros de personas de su propia edad. Lo que sí es un verdadero problema es que la incapacidad para reconocer las diferentes caras de recién nacidos puede dificultar encontrarlos cuando son raptados, cambiados o mezclados por error en el hospital.

¿LA SOLUCIÓN? ROBOTS

Existe inteligencia artificial que, por medio de algoritmos, puede reconocer con mucha precisión (casi 90%) las caras de recién nacidos, lo cual confirma que no, no son iguales ni se parecen más que lo que dos adultos se parecen entre sí. El parecido más bien lo debemos los adultos a nuestra poca convivencia con ellos y lo predecibles que somos al repetir la frase: «todos los recién nacidos se ven igual».

¿POR QUÉ LOS MOSQUITOS PICAN MÁS A UNAS PERSONAS QUE A OTRAS?

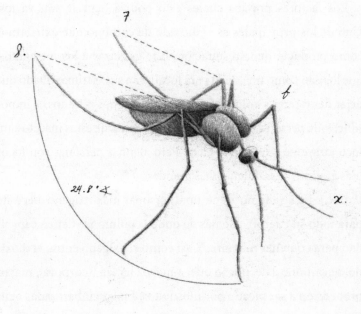

Pensemos en la posibilidad de que, al tomar una muestra al azar de la población humana, tú resultaras elegido. Ahora pensemos que esa muestra aleatoria es llevada a una playa paradisiaca.

¿Cuál sería la probabilidad de que a ti, específicamente a ti, te picaran los mosquitos, mientras que los demás se divirtieran sin ropa ni repelente ni miedo a la comezón? Si has vivido una situación semejante, probablemente seas de los desafortunados a quienes los mosquitos les pican con mayor frecuencia.

Los factores por los cuales esto podría ocurrir son varios. Uno de los principales es el dióxido de carbono que exhalamos como producto de la respiración. Este gas atrae a los mosquitos, que lo usan como una señal para localizar a sus víctimas. Dado que dejar de respirar a voluntad por más de algunos minutos es imposible, toda persona viva es una presa potencial de estos insectos, un foco atrayente que emana CO_2. Pero algunas personas son focos más grandes, literalmente más grandes.

Entre más tamaño tiene una persona, más oxígeno necesita para todo su cuerpo, además de que sus pulmones tienen capacidad para contener más aire. Y así como el oxígeno entra, el dióxido de carbono sale, por lo que, a mayor tamaño corporal, mayor propensión a ser picado por mosquitos. En las embarazadas ocurre algo similar, pero no por el tamaño, sino porque la placenta y el embrión necesitan oxígeno extra, haciendo que la futura madre respire con profundidad y exhale 20% más dióxido de carbono que si no estuviera gestando.

El dióxido de carbono no es la única guía de los mosquitos hacia sus víctimas. El calor y las sustancias que componen el sudor, como los ácidos láctico y úrico, les informan que hay un humano cerca para picar. De modo que el ejercicio es otro factor que promueve que se acerquen, pues aumenta tanto el calor como el sudor que emite la víctima en potencia.

Beber cerveza, elemento que se ha observado es indispensable en las playas paradisiacas, aumenta la atracción de los mosquitos hacia los bebedores. La razón es un misterio, pues no es el etanol que se exuda ni el aumento de temperatura corporal lo que produce este efecto. A los mosquitos simplemente parece gustarles beber sangre con cerveza, algo que sería muy mal visto si fueran humanos, pues los mosquitos que pican son en realidad mosquitas embarazadas. Las mosquitas hembra son las únicas que necesitan alimentarse de sangre, ya que requieren de las proteínas que les otorga para producir sus huevecillos. En cambio, los mosquitos macho y las hembras que no están en esa etapa de sus vidas se alimentan de néctar de flores.

Por lo tanto, si los mosquitos te pican más que a los demás, probablemente se deba a que:

1. Eres de talla grande.
2. Estás embarazada.
3. Hace calor y estás sudando.
4. Te acabas de tomar una cerveza.
5. La fortuna simplemente no está de tu lado, ya que también

hay factores genéticos que vuelven a algunas personas más atractivas que otras para los mosquitos. Dichos factores genéticos explican aproximadamente 85% de este patrón, dejando el tamaño, el calor, las cervezas y los embarazos en un reducido 15%.

Así que en realidad no hay mucho por hacer en caso de que hayas sido elegido para pasarla mal en la playa paradisiaca... más que aceptar el destino en forma de ronchas.

¿POR QUÉ SE ENCHINA EL CABELLO CON LA HUMEDAD?

Desde pequeño le dijeron que su profesión perfecta sería convertirse en el chico del clima, ese personaje que sale durante dos minutos en los noticieros comunicando el pronóstico de temperatura y humedad. Se esforzó por lograr lo que consideró su destino y, cuando por fin sería su debut, tardó más tiempo del planeado en el camerino. No lograron aplacarle el cabello y un reemplazo tomó su lugar al aire.

Fue hasta ese momento en que se dio cuenta de que cuando le decían que sería ideal para pronosticar el clima, era por la reacción de su cabello a la humedad y no por alguna otra cualidad de su persona.

¿PERO POR QUÉ SE LE ENCHINÓ AL POBRE SU IMPLACABLE MELENA?

Su cabello era realmente sensible, como el de todo humano, al hidrógeno que existe en el aire. Y como el agua contiene hidrógeno, el cabello humano se vuelve un medidor eficiente para la humedad ambiental.

El cabello está hecho por manojos de tiras de queratina (una proteína formada por carbono, hidrógeno, oxígeno, nitrógeno y azufre) que se agarran unas de otras por enlaces entre moléculas de azufre con azufre, que son muy fuertes y casi no rompen, y enlaces entre moléculas de hidrógeno con hidrógeno, responsables de las melenas ensortijadas que se crean cuando visitamos el trópico.

Los enlaces de hidrógeno son débiles y, por lo tanto, temporales: se forman y se rompen constantemente en el cabello dependiendo del agua que esté presente. En climas húmedos, las tiras de queratina toman el hidrógeno del agua en el ambiente y lo usan como pegamento para crear enlaces. De esta forma, unas tiras se unen a otras en la misma hebra de cabello, provocando que en toda la cabeza de una persona el cabello se enrolle cada vez más.

El resultado: la gente se vuelve un higrómetro andante con cabello más rizado que de costumbre. Aunque, eso sí, hay algunos higrómetros humanos más efectivos que otros. En general, entre más rizado sea el cabello, mayor será su tendencia a absorber la humedad.

El cabello chino tiende a ser más seco porque los aceites del cuero cabelludo no logran descender tan fácilmente como lo hacen por la resbaladilla del cabello lacio. Esto provoca que absorban mayor humedad en el aire: lo seco busca lo húmedo.

El cabello puede llegar a absorber tanta agua de la atmósfera hasta hincharse y romper la cutícula, es decir, la capa más exterior de cada hebra. Cuando esto ocurre se presenta el temido *frizz*: pelos parados inaceptables para la presentación del pronóstico del clima frente a las cámaras.

Afortunadamente, existen otras ocupaciones en las que el cabello alborotado no es un impedimento, sino incluso una ventaja. Por ejemplo, la personificación estereotípica de científicos locos, que brinda también la posibilidad de salir en televisión.

¿POR QUÉ ES TAN RICO HACER POPÓ?

Según cálculos recientes del LIMS, casi todo mundo siente una sensación placentera al hacer popó, especialmente si es grande y no muy dura. A la población restante del «casi» no solamente no le causa placer, sino que la pasa mal: sudor, debilidad, escalofríos e incluso pérdida de conciencia. En ambos casos la causa radica en la estimulación del nervio vago.

Este nervio nace en el cráneo y se extiende por el cuello y el abdomen hacia todos los órganos vitales como los pulmones, el corazón, el estómago, el hígado y el colon. Por su distribución tan por todos lados es que se le llama vago, y es de suma importancia para muchas funciones cruciales, como la de llevar sangre al cerebro.

Cuando la popó se mueve a través de los intestinos para abrirse paso hacia el ano, es decir, viajando por el colon, es capaz de estimular el nervio vago. Súbitamente, el corazón comienza a latir con lentitud, los vasos sanguíneos se dilatan y la presión cae, lo cual causa que llegue menos sangre con oxígeno al cerebro. Esa diminutísima privación de oxígeno es lo que hace que se sienta bien. Pero un poco más de estimulación del nervio vago y la sensación es todo lo contrario.

Entonces ocurre el síncope por defecación, en otras palabras, cuando una persona puede llegar a desmayarse al hacer popó. Una de las causas es la sobreestimulación del nervio vago, que se acompaña, antes de la pérdida de conciencia, de sudoración, escalofríos y debilidad. Lo anterior lo padece un porcentaje no despreciable de la población, y si a alguien le sucede con frecuencia, probablemente exista alguna condición médica que debe ser investigada con más que mediana seriedad.

Es posible que investigaciones recientes estén por descubrir otra razón por la cual hacer popó se sienta tan rico, y probablemente también se relacione con el nervio vago, pero con un efecto mucho más intrigante: brindarle sentido del gusto al tracto digestivo.

La propuesta surgió a partir de un experimento en el que se observó que los ratones prefieren una solución con azúcar a una sin calorías, lo cual sería perfectamente ordinario de no ser porque la solución no se introdujo por sus bocas, sino que se les inyectó directamente en las entrañas. Y cuando alguien, así sea un ratón, prefiere algo, se debe a que su cerebro está emitiendo señales de placer.

El mensajero del gozo en este caso es el nervio al que tanto hemos mencionado, el cual, al conectar los intestinos con el cerebro, sirve como conducto que induce en este último la liberación de dopamina, un neurotransmisor que genera la sensación de euforia y regocijo.

La dopamina es la molécula por excelencia detrás de las adicciones, ya que, al liberarse ante la expectativa de algo que nos dará placer, se van cableando en el cerebro circuitos que pueden provocar que cada vez necesitemos más de ese algo para conseguir dicha sensación placentera. Así que cuidado, porque hacer popó, potencialmente, podría ser adictivo.

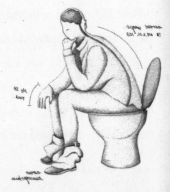

¿LA MALDAD ES HEREDITARIA?

La maldad es un concepto ambiguo: si bien la gente lo asocia con comportamientos perjudiciales e intencionados hacia otros, lo que es perjudicial no es lo mismo para todos. Sírvanse estos tres casos, tomados de primera fuente por el LIMS, para ejemplificarlo:

1. Mi mamá es muy mala porque no me deja comer dulces por la noche (Pablito, 6 años).
2. Cuando Pablito come dulces por la noche, es malo con el gato, pues le jala la cola y ríe desconcertantemente (María, 40 años).
3. Los humanos son malos, pero sobre todo tontos. No hay más explicación (el gato, 3 años —interpretado por su mirada durante la entrevista—).

Por tanto, es imposible saber si la maldad es hereditaria, ya que carecemos de una definición clara de esta. Pero lo que sí podemos medianamente investigar es si la personalidad se hereda, lo cual importa porque, de hecho, esta sí puede estar relacionada con ciertos rasgos que bajo algunas circunstancias consideraríamos como «malvados».

La personalidad se estudia por lo general dividiéndola en cinco tipos o rasgos principales que abarcan cada uno un rango. Todos tenemos un poco de todos, en un diferente punto de sus rangos:

• **Extraversión,** que tiene su rango entre lo energético y muy social, hasta llegar a lo reservado y solitario.

energético   solitario

• **Apertura** (a experiencias nuevas o al cambio), que va de lo aventurero, curioso e inventivo, a lo cauteloso, consistente y rutinario.

aventurero   rutinario

• **Neuroticismo,** que va de lo nervioso, sensitivo, ansioso, miedoso y enojón, a lo seguro y confiado en sí mismo.

nervioso   confiado en sí mismo

• **Responsabilidad o conciencia,** que va de la organización, eficiencia, disciplina y planificación, a la ligereza de trato, espontaneidad, descuido y poco confiable.

organización   poco confiable

• **Amabilidad o cordialidad,** que va de lo amistoso, compasivo y cooperativo, a lo desafiante, desapegado, antagonista y sospechoso de los demás.

amistoso   sospechoso de los demás

Estos rasgos se definen por los patrones y las tendencias de pensamiento, emociones y comportamiento que las personas tienen bajo diferentes circunstancias de la vida, y se pueden medir a partir de cuestionarios y tests de personalidad.

Mediante correlaciones genéticas y genómicas de diversos tipos, se cree que aproximadamente 40% de las diferencias de personalidad entre la gente se debe a los genes (una gran combinación de genes) y 60% a la influencia del ambiente (por ejemplo, cómo te fue de chiquito). Eso quiere decir que, si volvieras a nacer con tu misma genética, pero en un lugar distinto, con una familia diferente, en otra cultura, con otro clima y otra historia de vida, probablemente tu personalidad sería solo 40% similar a la que tienes ahora.

Volviendo a la maldad, cualquier tipo de personalidad podría ser evaluada como «mala». Por ejemplo, Pablito probablemente tiene una tendencia hacia la apertura, que le hace buscar emoción jalándole la cola al gato; María, su madre, muestra tendencia hacia la responsabilidad y probablemente la compasión (hacia el gato), lo cual es interpretado por Pablito como opresivo y, por lo tanto, malo. Al gato, por su parte, parece que poco le importa cualquier rasgo de personalidad y su interpretación sobre la maldad sigue por definirse.

¿CUÁL ES LA RELACIÓN DE LA LUNA CON EL COMPORTAMIENTO HUMANO?

Cada 29 días, durante las noches de luna llena, unos cuantos miembros del LIMS autodenominados «Tropa Lunática Medianamente Seria» (lo cual da como resultado las horrendas siglas TLMS) recorren las calles de la ciudad comportándose acorde con algunas creencias populares existentes sobre la influencia de la luna en el comportamiento humano. Una noche habitual de luna llena para la TLMS consiste en:

1. **Visitar centros médicos de urgencias, en los cuales, en promedio, 64% de personal médico y 80% de enfermería creen que la luna afecta a los pacientes.**

2. **Ya dentro del centro médico se hacen pasar por personas con desórdenes psiquiátricos como crisis nerviosas; algunos llegan alterados y fingen haber sido víctimas de intentos de homicidio u otros actos violentos; los miembros más jóvenes de la TLMS pretenden ser niños con síntomas de psicosis; otras tantas integrantes llegan apuradas y gritando porque supuestamente están a punto de parir. Para lograr su objetivo, la TLMS ha tomado varios cursos de actuación y continuamente se informa sobre la sintomatología de aquellos papeles que están actuando.**

3. **Luego de ser admitidos y de haber confirmado los porcentajes de creencias lunáticas del personal médico y de enfermería, vuelven a comportarse como personas sin ningún tipo de padecimiento. Y es cuando realmente inicia el comportamiento más extraño y sospechosamente lunático de la TLSM.**

Después de terminar la actuación súbitamente, comienzan a explicar con tono un tanto ceremonioso que, tras haber buscado correlaciones entre miles de admisiones al hospital y las fases de la luna, no existe evidencia alguna que afirme que el comportamiento psiquiátrico empeore con cualquier fase de la luna, así como ninguna otra emergencia, ni las admisiones al hospital, las crisis, los suicidios, los homicidios u otros crímenes. Tampoco hay cambios en el número de accidentes automovilísticos, la menstruación, los nacimientos complicados, ni la violencia. Los niños de la TLSM explican que tampoco existe evidencia de que en infantes aumente o disminuya ningún desorden psiquiátrico ni la cantidad de visitas al hospital por efecto de la luna.

Es importante señalar que después de la explicación de la TLMS, el personal médico parece quedar completamente desconcertado, dudando seriamente de lo que les acaban de decir, pues mostrar tanto compromiso para engañar a la gente y después darles un discurso sobre ciencia durante cada luna llena, bien podría ser clasificado como un trastorno lunático. A la TLMS le encanta cuando le dicen esto, ya que tiene la respuesta pertinente bajo la manga.

Tomar este comportamiento de la Tropa Lunática como un hecho que confirma la creencia de que la luna vuelve «loca» a la gente parece ser un caso más de lo que los científicos llaman «sesgo de confirmación»: la tendencia que tenemos como seres humanos a interpretar nuevos datos de modo que solo confirmen nuestras creencias e ignorar otros que las contradirían. Por ejemplo, el hecho de que durante las lunas llenas se atiendan a personas con padecimientos

psiquiátricos, pero ignorar u olvidar el hecho de durante otras noches también se atienden personas con estos padecimientos.

Si bien la luna parece no afectar a las personas, existe otro objeto celeste que sí lo hace y en gran medida: el sol, en particular porque esta estrella, junto con el movimiento de rotación de la Tierra, determina que durante unas horas sea de día y durante otras sea de noche, lo cual causa que nos sintamos despiertos o somnolientos según sea el caso.

Parte de ello tiene su explicación en que la luz afecta la producción de hormonas, las cuales determinan si nos da sueño, apetito o vigía, lo que a su vez tiene consecuencias en la salud (física y mental) y en el comportamiento (ver el capítulo de los efectos de la luz sobre la biodiversidad). Probablemente, la creencia de que la luna afecta la conducta humana se remonte a aquellos tiempos en que no existía la luz eléctrica y las sociedades estaban más sujetas a los patrones estacionales del día y de la noche. Los efectos que pudo haber tenido una luna llena muy brillante durante las noches, por ejemplo, dificultar que algunas personas conciliaran el sueño, tal vez provocaron comportamientos poco gratos para los demás.

Dicho lo anterior, llega el momento cumbre para la TLMS: lanzar la pregunta al aire de que, si actualmente las noches carecen de oscuridad total, lo cual nos hace dormir mal y acarrea otras graves consecuencias, ¿será que en estos tiempos somos todos lunáticos?

Acto seguido, como pareciendo responder a su propia pregunta con un «sí, definitivamente», arrojan una inofensiva bomba de humo y desaparecen del lugar.

¿POR QUÉ ME DIO UNA ALERGIA DE LA NADA?

Un buen día, o mejor dicho, un muy mal día, después de dar el primer bocado a su platillo favorito —una tostada de aguachile de camarón—, Pipo comenzó a sentir cosquillas en la garganta que de manera vertiginosa y terrorífica se convirtieron en sofocamiento. La garganta se le hinchó y algunos heroicos meseros lo llevaron al hospital donde le suministraron adrenalina y altas dosis de antihistamínico para salvarle la vida.

«Joven, ¿pa' qué anda comiendo camarones, siendo que usted es alérgico? Esas son ganas de morirse, de veras», le dijo el médico sin mucho tacto, ignorando la triste historia de Pipo: toda su vida había sido feliz comiendo crustáceos, esa era la primera vez que tenía una reacción así. Probablemente también sería la última, si es que dejaba de comer camarones (si los comía de nuevo, con seguridad sería la última ocasión, pues probablemente moriría del choque anafiláctico). Se había vuelto alérgico a la comida que más disfrutaba.

Las alergias son básicamente el sistema inmune vuelto un poco loco, o al menos bastante confundido. Ocurren cuando este sistema identifica alguna sustancia como peligrosa cuando en realidad no lo es, convirtiéndola en un alérgeno. Al entrar en contacto con este alérgeno, se desata una reacción que, en algunos casos, puede volverse tan riesgosa como para provocar la muerte. Dado que el sistema inmune tiene muchas formas de atacar, la reacción puede presentarse de diferentes modos: muchos mocos, lágrimas, inflamación de garganta, irritaciones en la piel o en el sistema digestivo.

Al nacer, el sistema inmune se entrena para diferenciar aquello que es propio de lo que es ajeno y, dentro de lo ajeno, lo que es inofensivo de lo peligroso. Pero en este entrenamiento varias cosas pueden salir mal, y por esa razón los bebés comienzan a tener alergias. Algunas duran toda la vida, pero en el caso de las alergias a la comida, 80% desaparece en la madurez. No obstante, si las alergias se presentan de adultos, es muy poco probable que se vayan después.

Dentro del misterioso mundo de las alergias, son especialmente enigmáticas las que se desarrollan en la vida adulta. Se saben ciertas cosas, como que la genética, los factores ambientales, el tipo de comida y el sistema inmune están involucrados, pero no exactamente cómo ni de qué manera se relacionan. Se cree también que su aparición podría asociarse con estar expuestos a alérgenos en momentos en que el sistema inmune se encuentra débil, como durante el embarazo o enfermedades, o la exposición a nuevas plantas o animales.

En el caso de los camarones, se piensa que cierta proteína llamada tropomiosina es parte responsable de que los crustáceos desaten reacciones alérgicas con frecuencia. Esta proteína es de gran tamaño y por lo tanto es más resistente a la digestión, lo que la vuelve un foco rojo para el sistema inmune.

Otra particularidad de dicha proteína es que los ácaros y las cucarachas también la poseen. Es probable que, al respirar constantemente el polvo de estos animalitos (no nos podemos librar de ello, por más asqueroso que parezca), algunas personas desarrollen leves alergias, pero que, al entrar en contacto oral con gran cantidad de la proteína, es decir, al comer camarones directamente, el sistema inmune mande a toda su artillería.

Por último, la cada vez peor digestión de los adultos puede vincularse con el desarrollo de las alergias. En el sistema digestivo hay algunas barreras que impiden el paso de alérgenos, una de las cuales es la mucosa intestinal. Varias actividades del estilo de vida moderno, como tomar antiácidos, las dietas y el estrés que afectan al microbioma ocasionan que la mucosa y otras barreras dejen de funcionar del todo bien, permitiendo la entrada de proteínas que se convierten en alérgenos dentro del sistema digestivo.

En resumen, y como ya dijimos, por qué Pipo se volvió alérgico a los camarones no tiene una respuesta certera. A estos fenómenos, cuya buena explicación aún no se tiene, generalmente se les llama «suerte». Así que la mejor respuesta que podemos dar por ahora a la pregunta de por qué alguien que ama los camarones se vuelve alérgico a ellos es alguna de estas hipótesis, otra que no se ha planteado o, simplemente, mucha mala suerte.

PARTE 2:

ALIMENTOS

¿LOS HUMANOS SOMOS NATURALMENTE CARNÍVOROS O VEGETARIANOS?

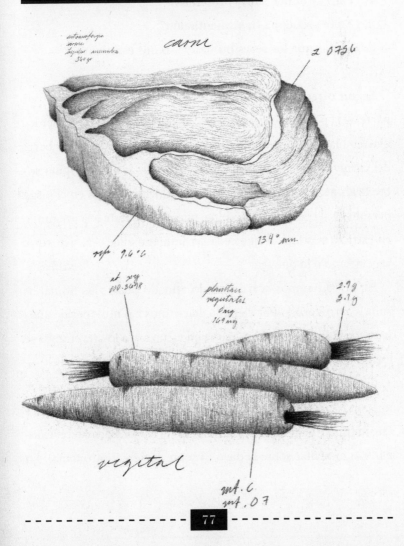

Según recientes investigaciones medianamente serias, es prácticamente inevitable que, durante un desayuno, comida o cena en donde se encuentre al menos una persona omnívora y otra vegetariana o vegana, emerjan las siguientes preguntas de quien come carne hacia quien ha decidido no hacerlo:

1. ¿Pero de dónde sacas proteínas?
2. ¿No te preocupa tu alimentación?
3. ¿Sabías que los seres humanos somos carnívoros?

Según otras investigaciones, la reacción a esta pregunta por parte de la persona vegetariana es, en 80% de los casos, poner los ojos en blanco, seguido de un silencio incómodo que, por parte del carnívoro, se toma como una victoria más en la disputa sobre la alimentación. Victoria que únicamente se basa en el sesgo personal y el ego de tal individuo, pues la respuesta a la pregunta, en estricto sentido, es que cada ser humano elige ser carnívoro, vegetariano o lo que sea.

En otros tiempos sí habría sido atinado decir «los humanos somos carnívoros». Por ejemplo, hace unos 2.6 millones de años (aunque la disputa entonces sería en torno a si a lo que éramos se le pudiera llamar «humano»).

Comer proteína animal fue importante durante la evolución que nos condujo a ser humanos, sobre todo por la cantidad necesaria de este nutriente para un cerebro que permita hablar, cocinar, reflexionar y argumentar sobre la dieta (o sobre cualquier otro tema). En realidad, comer frutas y verduras no llena demasiado. Los alimentos vegetales, sobre todo los que pueden comerse crudos, no tienen muchas calorías. En los albores de la humanidad, cuando aún no se comenzaba a cocinar con fuego (algo que inició hace 500 mil años) y no existía la agricultura (inventada hace 10 mil), obtener proteínas de una dieta vegetariana dependía sobre todo de los tubérculos, que eran difíciles de masticar por su textura fibrosa. Trata, por ejemplo, de comer un betabel crudo a mordiscos, o incluso en trozos pequeños (pero no rayados): es mucho más difícil que masticar animales muertos previamente triturados o aplastados.

Este primer procesamiento mecánico de los alimentos permitió que gradualmente disminuyera el tamaño de los dientes y los músculos de la mandíbula. Al mismo tiempo que evolucionaba este cambio, aumentaron la capacidad craneal y las habilidades cognitivas. La combinación sería paradójica si consideramos que un cerebro grande requiere de mucha energía y, por lo tanto, mandíbulas y dientes fuertes para comer mucho; pero no lo es si agregamos carne al menú.

Los animales cuyos cadáveres podían cortarse o machacarse proporcionaban comidas más calóricas y requerían de menos masticación. La carne proveyó a nuestros ancestros hace un par de millones de años de más proteínas con menos esfuerzo, lo que dio oportunidad no solo a dedicarle menos tiempo y energía al acto de comer, sino a que las calorías y los nutrientes que se obtuvieran fueran directamente al mantenimiento de un órgano que nos sigue pareciendo muy especial entre los humanos: el cerebro.

La reducción del tamaño de la mandíbula brindó espacio en la cabeza para que el cerebro pudiera ampliarse.

Todo lo anterior es evidencia de que, en el pasado distante, cuando todavía no existía el *Homo sapiens*, el incremento de carne en la dieta fue importante para la evolución de lo que ahora conocemos como humanos. Argumentar que por eso comer carne hoy día sea lo natural y que hacer otra dieta no es correcto pone en duda que las capacidades cognitivas realmente hayan aumentado tras varios millones de años (al menos, en ciertas personas).

Actualmente puede ser pésimo para la salud llevar una dieta vegetariana o vegana, pero también una carnívora, del mismo modo que cualquiera de ellas puede ser adecuada y benéfica; todo depende de la manera en que se lleve cada una. En términos generales, una dieta sana debe ayudar a mantener la salud a través de la ingesta de calorías, grasas, proteínas, vitaminas, minerales y fluidos adecuados para nuestra edad y actividad física. Esto puede lograrse de varias formas, por ejemplo, únicamente a través de los alimentos o con ayuda de suplementos alimenticios.

Sin embargo, que una dieta sea equilibrada y buena para la salud no implica que sea buena para el medio ambiente. No podemos olvidar que la producción de carne global en los últimos 50 años ha aumentado de 50 a 275 toneladas, lo cual ha traído graves consecuencias, sobre todo en los ecosistemas, debido a que muchas extensiones de bosques o selvas se han convertido en pasturas y a que se utilizan muchísimos antibióticos que terminan incorporándose al suelo y a los cuerpos de agua, entre otros muchos problemas.

La elección de lo que come cada persona depende de varios factores muy importantes, no solo de la biología, sino también de la cultura, la ética, la salud y la economía. Un factor esencial que hay que añadir a la lista es la información ambiental: más allá de pensar sobre qué dieta es «natural», se podría reflexionar sobre qué es mejor para uno mismo y para el planeta, de acuerdo al momento y el lugar en los que cada quien se encuentre.

Así que, sin importar si eres vegetariano, carnívoro, o lo que sea, durante un desayuno, comida o cena con alguien que pregunte con intenciones de incomodar si no te preocupa tu ingesta de proteínas, puedes revirar la cuestión con algo aún más incómodo: ¿a ti no te preocupa el impacto en el planeta que tiene cada una de tus comidas?

Probablemente no vuelva a tocar el tema.

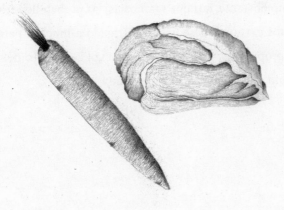

¿POR QUÉ LAS EMBARAZADAS TIENEN ANTOJOS?

Un antojo es algo diferente al hambre y, a veces, incluso más poderoso. Es la urgencia y el ansia de un alimento o sabor en particular, que se caracteriza porque es difícil de resistir. Como también es difícil resistirse a una mujer embarazada rogando (o exigiendo) que se le cumpla su antojo, pues, finalmente, estará gestando durante 9 meses a un humano que en el futuro podría encontrar la cura del cáncer y lograr la paz mundial (cada uno de estos eventos tiene una probabilidad bajísima, y juntos aún menor; no obstante, aunque sean bajas, las probabilidades existen).

Estos extraños deseos han intrigado a muchas personas y se han propuesto varias ideas para explicarlos. Tomemos como ejemplo el siguiente caso de estudio:

EMBARAZADA: Se me antoja muchísimo un pastel de zanahoria con chilito piquín.

PERSONA NO EMBARAZADA: (intrigada y un poco asqueada, pero con bastante confianza como para afirmar): Seguramente se debe a que te hace falta vitamina A y C, porque la zanahoria tiene vitamina A y el chile vitamina C. Mejor come una ensalada de frutas.

EMBARAZADA: Tú qué vas a saber, tráeme el pastel y ya.

La idea de que a las mujeres embarazadas se les antojan cosas que contienen nutrientes que necesitan, ya sean ellas o sus fetos, es muy común. Sin embargo, resulta sorprendente que dicha idea siga siendo tan usual, ya que es muy fácil comprobar que no tiene sentido.

De ser cierta la hipótesis de los nutrientes faltantes, se les antojarían los alimentos con alto valor nutritivo en aquello que es especialmente importante durante la gestación. Por lo tanto, los antojos más comunes serían de espinacas, acelgas y otros vegetales de hojas verdes que contienen mucha vitamina B, hierro, magnesio y vitamina A. También se antojarían frijoles y lentejas, pues son ricos en ácido fólico, hierro y magnesio.

Pero a las embarazadas lo que más se les antoja son pasteles de zanahoria o cualquier otro tipo de pastel. Sus preferencias se inclinan hacia comidas hipercalóricas, hipergrasosas e hiperdulces, generalmente comida rápida o chatarra que carece de los nutrientes necesarios para esa etapa de la vida (o para cualquiera).

Un interesante detalle es que este tipo de comida se le antoja con frecuencia a cualquier persona (embarazada o no).

No se necesita estar embarazada para tener antojos. Ni siquiera se necesita ser mujer. Las embarazadas tienen antojos porque son personas como cualquier otra, pero con una ventaja particular: tienen una permisividad mayor tanto de ellas mismas como de la sociedad para saciar esos caprichos, por lo tanto los expresan (y se les cumplen) más.

En muchos países occidentales existe una serie de creencias y costumbres que incluso llegan a fomentar esos antojos y su satisfacción. Y, como ya se ha mencionado y se sabe perfectamente, las embarazadas son como cualquier otra persona respecto a sus deseos culinarios: lo que más se les antoja comer son *brownies*, pizzas y helados, entre otras delicias.

Si se desea cuidar la salud de la madre gestante, independientemente de que a quien gesta sea o no de extrema relevancia para la humanidad futura, entonces los consejos sobre la satisfacción de sus antojos deberían basarse en lo que, se sabe, es la mejor nutrición para esos meses y no en *lo que uno cree y parece tener lógica*, ya que eso, casi siempre, resulta no haberla tenido.

¿UNA MANZANA PODRIDA REALMENTE PUDRE A LAS DEMÁS?

Malus domestica

Un oficinista con corbata, preocupado y al borde del llanto, se acercó al LIMS con dos dudas: la primera, si realmente una manzana podrida pudre a las demás; la segunda, motivo principal de su gran consternación, era si él podía ser una manzana (podrida). En su lugar de trabajo continuamente se referían a él como un fruto en proceso de descomposición, por lo general una manzana, y evitaban su presencia. Claramente su confusión estaba bien fundamentada.

Atendiendo a la primera duda, la respuesta es definitivamente sí: una manzana podrida puede acelerar el proceso de maduración de otras hasta llegar a la pudrición.

¿POR QUÉ?

Las plantas, al no poder moverse, verse, ni emitir sonidos, tienen un lenguaje basado en químicos, en especial de hormonas que viajan por su interior. Unas cuantas hormonas son capaces de viajar también al exterior debido a que son gaseosas. Entre ellas se encuentra el etileno.

Esta hormona es la responsable tanto de las manzanas maduras como de los plátanos negros. El etileno promueve la maduración de todas las frutas, que en otras palabras es la conversión del almidón que poseen en glucosa.

Esta maduración es una estrategia clave para las plantas con frutos: entre más glucosa tengan las frutas, son más dulces y sabrosas; por lo tanto, habrá más animalitos dispuestos a robarlas y llevarlas lejos para saborearlas, pasarlas por su tracto digestivo y evacuarlas en lugares lejanos. Las frutas maduras y deliciosas son el anzuelo para que los animales muevan las semillas de un lugar a otro. Sin embargo, esta estrategia es también lo que provoca la pudrición.

Los animalitos no son los únicos atraídos por las frutas maduras. Además del sabor, otros cambios del proceso de maduración sirven de deliciosa invitación a microorganismos. De modo que, cuando la cáscara se adelgaza, la fruta se vuelve más susceptible a los daños físicos, y a través de ellos entran varios hongos y bacterias responsables de que el fruto se pudra.

Así que, entre más madura esté una fruta, más etileno produce, y entre más etileno produce, más cerca está de pudrirse. Y como el etileno es una hormona gaseosa que puede viajar al exterior, al comunicarse con las frutas que tiene a su alrededor sí acelera su proceso de maduración y, por lo tanto, su eventual pudrición.

Estas son malas noticias si quieres tener manzanas inmaduras, pero son buenas noticias si tu objetivo es que tus jitomates verdes dejen de serlo. Debido a que el etileno es una hormona universal en las plantas, el de una manzana se comunica igual de bien con otras manzanas que con jitomates o cualquier otra fruta, lo cual puede ser útil a veces.

Imagina que en el mercado no hay aguacates maduros sino solo aguacates verdes, por lo que se corre el riesgo de una oleada multitudinaria de mal humor durante las tres comidas de todo mexicano. El problema puede llegar a tener una escala nacional, pero, gracias a las manzanas podridas y a la comunicación a través del etileno, puede evitarse.

Sobre la segunda duda del oficinista, solo pudimos abrazarlo. Respondió diciéndonos amargamente que, en realidad, no servíamos para nada más que para dar respuestas con mediana seriedad a preguntas completamente serias.

¿LOS ENDULZANTES ARTIFICIALES SON TAN MALOS COMO DICEN?

Como tantas otras preguntas que se han hecho al LIMS, la respuesta depende de varias cosas, sobre todo de quién es el sujeto detrás del «dicen». Si se trata de «los productores de los endulzantes artificiales», entonces definitivamente son peores de lo que «dicen». Pero, si quienes «dicen» son las páginas de Facebook con consejos basados en creencias sin fundamentos, entonces los endulzantes artificiales son mucho mejores de lo que «dicen». Como vemos, todo depende de quién emite el mensaje. Aunque lo que no tiene ninguna dependencia es la evidencia científica que existe.

A los humanos nos encanta el sabor dulce, lo cual es un peligro, pues casi todos los alimentos que lo contienen, como los panes, la pasta y el azúcar, pueden provocar sobrepeso, obesidad, diabetes y caries si se consumen en exceso (que es de las cosas más fáciles del mundo). Un endulzante artificial tiene como propósito ser menos calórico que el azúcar y otorgar dulzor a los alimentos. Por ello, muchas personas consideran su consumo como saludable, mientras que para otras incluso puede ser mortal.

Existen varios endulzantes artificiales como la sacarina y la sucralosa, pero probablemente el aspartame sea el que cause más temor. Durante los noventa se sugirió que su consumo podía estar relacionado con tumores cerebrales y otros tipos de cáncer, lo que obviamente despertó la preocupación no solo de la población, sino del gobierno estadounidense (que es al que generalmente le preocupa más la salud de su población).

El aspartame es añadido en miles de productos y consumido por millones de personas, por lo que, de ser cierto el rumor, se convertiría fácilmente en un problema de escalas epidémicas. Así que se hicieron muchos estudios y todos concluyeron que no: no hay riesgo de cáncer con el aspartame (ni con ningún otro endulzante artificial) para nadie, ni siquiera para bebés y mujeres embarazadas. A menos que seas un bebé o una mujer embarazada con fenilcetonuria.

La fenilcetonuria es un desorden genético muy poco común. Las personas que lo tienen no procesan bien la fenilalanina, un aminoácido que, entre otras cosas, es un componente del aspartame. En casos graves, la fenilalanina se acumula en el cuerpo, dañando el sistema nervioso y el cerebro. Desde antes de nacer, los bebés de mujeres embarazadas que padecen fenilcetonuria están expuestos a altos niveles del aminoácido, por lo que las consecuencias pueden ser más graves.

Esta condición afecta en promedio a una persona de cada 23 000. Las otras 22 999 podrían pensar que el uso indiscriminado de endulzantes artificiales no solo no hace daño, sino que hace bien: un postrecito después de cada comida aumenta el ánimo, y si no tiene calorías, lo aumenta más. Probablemente sea así, pero lo que también podría estar aumentando son el peso y el riesgo de padecer diabetes.

Gran parte de que podamos perder o ganar peso no se debe directamente a nosotros, o al menos, a nuestras células humanas. El metabolismo está tremendamente influido por los procesos que llevan a cabo los millones de bacterias que viven en nuestro tracto digestivo y que se podrían considerar como parte de nosotros, pues funciones tan esenciales como la digestión y la asimilación de nutrientes dependen de ellas, a quienes llamamos microbioma intestinal. La sacarina, el aspartame y la sucralosa, tres de los endulzantes artificiales más taquilleros, alteran a esa comunidad benéfica de microorganismos. Lo que al parecer sucede es que estos productos promueven el crecimiento de ciertas bacterias que impiden que las células humanas aprovechen la glucosa. En otras palabras: vuelven a una persona intolerante a la glucosa, provocando que dicha molécula se quede más tiempo del normal en la sangre, lo cual puede conducir a la obesidad y a la diabetes.

El recorrido que condujo a esos descubrimientos fue sinuoso y lleno de recovecos, más o menos como el camino que toma la materia fecal en su paso por nuestro cuerpo. Solo que, en este caso, la materia fecal pasó por varios cuerpos con motivo de un experimento.

La investigación inició con ratones. A unos se les dio de comer sacarina; a otros, azúcar normal. Los primeros desarrollaron intolerancia a la glucosa después de varios días. Y entonces se hizo lo que se tenía que hacer: un trasplante fecal.

El trasplante fecal es exactamente lo que su nombre indica: tomar muestras fecales de un individuo e introducirlas a otro. Generalmente se realiza a través de un tubo que entra por el recto hacia el intestino, y en ocasiones a través de un tubo que entra por la nariz; no suena bonito, no es bonito, pero su propósito nunca ha sido ser bonito.

Al pasar el microbioma de ratones «edulcorados» a otros sanos, estos últimos desarrollaron intolerancia a la glucosa, a pesar de nunca haber ingerido endulzantes artificiales, lo cual demostró que, efectivamente, el microbioma es lo que promueve dicha intolerancia.

Así que si eres una persona con fenilcetonuria (lo que probablemente ya sabrías) o un ratón (que seguramente no eres), ciertos endulzantes artificiales te hacen mal. El problema de los experimentos con animales, además de que muchas veces les produce un sufrimiento espantoso, es que no todo puede ser extrapolado a la especie humana, por lo que los investigadores decidieron cambiar de especie y darles a varias personas la dosis máxima recomendada de sacarina (lo equivalente a unas 40 latas de refresco light) y ver qué pasaba.

Después de menos de una semana, la mitad de las personas comenzó a mostrar signos de intolerancia a la glucosa. Esa misma mitad mostraba un microbioma particular, apuntando de nuevo a que las bacterias intestinales eran las responsables de este cambio. Así que se hizo lo que se debía en nombre de la ciencia: más trasplantes fecales, esta vez de humanos a ratones. Y ocurrió lo que habían pronosticado: despúes del trasplante, los ratones desarrollaron intolerancia a la glucosa.

Luego de estos experimentos, los endulzantes artificiales no parecen ser tan buenos como dicen algunos, pero tampoco tan malos como dicen otros (como vimos con los estudios que mencionamos al principio: no, no producen cáncer, a pesar de que lo afirme 80% de las publicaciones compartidas en Facebook sobre el tema). Aunque, desde la perspectiva de los ratones, definitivamente son mucho peores de lo que les habían contado.

¿POR QUÉ DE NIÑO NO ME GUSTABA LA CERVEZA Y AHORA SÍ?

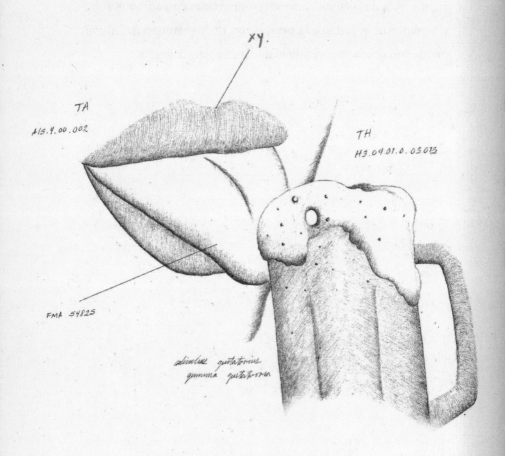

Con la edad muchas cosas cambian: aumenta el tamaño (hacia arriba y a los lados), disminuyen las risas y, en casi todo el mundo, el gusto por la cerveza crece, algo probablemente correlacionado con el aumento de tamaño lateral. La percepción de los sabores y las preferencias se modifican a lo largo de la vida, en parte por cuestiones culturales y experienciales, en parte por la genética y, sobre todo, porque todo en el cuerpo por servir se acaba.

Al nacer, en toda la boca hay aproximadamente 30 000 papilas gustativas que se van perdiendo con la edad. Cuando llegamos a la edad adulta, nos quedan solo 10 000 y exclusivamente en la lengua. La intensidad de los sabores para los bebés y los niños es mucho mayor que en cualquier otra etapa de la vida. Todo les sabe amplificadamente.

Lo dulce, por lo general, contiene carbohidratos y grasas, nutrientes que son necesarios para el crecimiento infantil. Es de esperar, evolutivamente hablando, que los infantes se sientan atraídos por ese sabor, pues es el de los alimentos que les proporcionarán más probabilidades de sobrevivencia, sin mencionar que son muy agradables. Pero cuando los sabores amargos, como el de la cerveza, se perciben de modo amplificado, son sumamente desagradables. Además, los sabores amargos en la naturaleza generalmente se asocian con cosas venenosas y, por lo tanto, son cosas por evitar. Es natural entonces que muchas verduras, como el brócoli, realmente sean un suplicio para los niños y no solo un berrinche para molestar a los padres. Eventualmente, con la pérdida de papilas gustativas, el amargo deja de saber tan amargo y podemos comer brócoli sin resignación, y tomar cerveza con gusto.

Además, algunas personas tienen mayor sensibilidad natural a lo amargo, dada por una variante de un gen llamado TAS2R38. Los niños que tienen dicha variante detectan lo amargo con mayor facilidad que los que no y crecen para ser adultos que en las fiestas toman vino espumoso sabor durazno, pero con cierta esperanza: aunque la sensibilidad sea genética, disminuye con la edad y los adultos dejan de detectar con tanto vigor lo amargo.

Sumado a lo anterior se cuenta el factor de la cultura y la experiencia. Gran parte de nuestros gustos se moldean por las costumbres cotidianas. Si nos obligan en reiteradas ocasiones a comer algún alimento, probablemente lo asociemos con una experiencia negativa y nunca jamás nos vaya a gustar, digamos, el *soufflé* de coliflor que cocinaba nuestro tío amargado todos los días. Pero si alguna bebida, aunque nos sepa amarga, la asociamos con fiesta, comunidad y pertenencia, es posible que se convierta en un gusto adquirido.

Tal es el caso de la cerveza, e incluso de otras bebidas como el café. A casi ningún niño le gustan, pero se asocian con la idea de «ser grande», lo cual lleva a imitar a los adultos que las ingieren. A base de repetición tras repetición, el cerebro se reconfigura, de manera que poco a poco comienza a disfrutar de algo que antes era intolerable. La adolescencia es una etapa clave para configurar ese gusto por el alcohol en general, lo que explica por qué las bebidas alcohólicas superazucaradas son tan populares entre las personas más jóvenes: sus paladares oscilan aún entre lo infantil y la presión social.

En pocas palabras, nos gusta la cerveza porque aprendimos a quererla y porque nuestros paladares están un poco muertos. Es la misma razón de por qué nos gustan sabores fuertes como el de los quesos muy añejos, los fermentados y las anchoas. No se debe a que los paladares sean más finos, sino más bien a que son paladares más inertes.

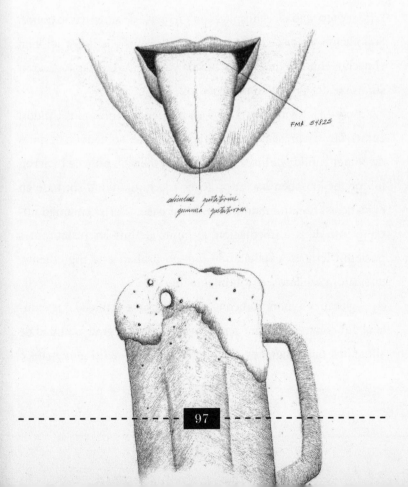

¿HACE DAÑO EL GLUTAMATO MONOSÓDICO?

Para Mary, la noche inició como cualquier otra: con el tremendo deseo de comida china. Se le hizo. Ahí, en su restaurante favorito, comió arroz frito, wontones, costillitas en salsa agridulce, rollitos primavera y todavía le quedó espacio para dos galletas de la suerte. Ninguna de ellas le anunció lo que le esperaba.

Mary terminó en el hospital con una serie de síntomas extraños. Sudoración, dolor de cabeza, picazón en el cuello, ardor y dolor en el pecho, entumecimiento de brazos y náuseas. Le diagnosticaron síndrome del glutamato monosódico.

Como Mary, varias personas, en particular en Estados Unidos, comenzaron a presentar los mismos síntomas, sobre todo después de comer comida china. El internet y la opinión pública hicieron lo que mejor saben hacer: proteger a la humanidad sin base en evidencias. El glutamato monosódico pasó a ser el enemigo número uno de la alimentación, al punto de que los restaurantes pusieron letreros explicitando que no usaban este ingrediente, que, ahora sabemos, es totalmente inocuo.

El glutamato monosódico es un saborizante artificial que emula al glutamato, un aminoácido presente en una gran cantidad de alimentos tan peligrosos como la leche materna. El glutamato o «umami» es considerado el quinto sabor, aunque es difícil describir a qué sabe, pues lo que hace es realzar y armonizar los demás sabores, por lo que la descripción más adecuada tal vez sea que es el sabor de lo sabroso. Tiene la cualidad de quedarse en nuestra boca más tiempo que cualquier otro sabor y de intensificar a los demás.

El glutamato monosódico (GMS) es una sal del glutamato que, en composición química, es esencialmente idéntico al aminoácido que se encuentra de manera natural en los alimentos.

A pesar de la fama del GMS y sus «efectos» en la salud, no existe evidencia científica de que cause algún problema. Por el contrario, existe evidencia de que no causa ningún problema. Se han realizado varios experimentos tanto en ratones como en humanos, cuyos resultados apuntan a que los síntomas del supuesto síndrome aparecen tanto si se consume GSM, como si no consume; en algunas personas sí y después ya no. Es decir, no existe tal síndrome.

A sabiendas de esto, se debe recalcar que sí hay algunas pocas personas que pueden responder mal al GMS en grandes cantidades, pero realmente grandes. En un día normal, aun comiendo en un restaurante chino, la dosis promedio de GMS no excede los 0.6 gramos. En las personas sensibles al GMS, la dosis que les provoca malestar es de 3 gramos, que difícilmente puede ser ingerida en condiciones fuera del laboratorio.

A menos de que Mary haya sido una de esas pocas personas, lo que probablemente le ocurrió fue mera sugestión y paranoia, además de una tremenda indigestión. El glutamato monosódico no hace daño, lo que hace daño es comer de más.

¿POR QUÉ ES TAN BUENO EL CALDO DE POLLO PARA LA GRIPA?

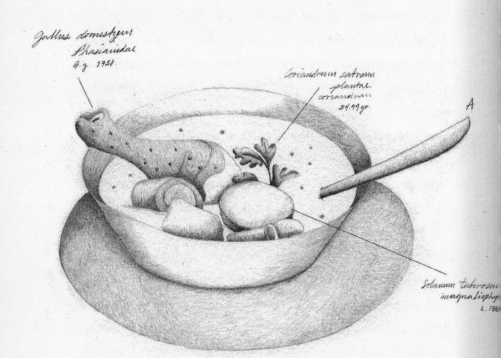

Gallus domesticus
Phasianidae
G.g. 1758.

Coriandrum sativum
plantae.
coriandrum
54.99 gr.

A

Solanum tuberosum
magnaliophy
L. 1753

El departamento más antiguo del LIMS, «Abuelas que Saben», establecido hace 800 años, se ha colgado nuevamente una medalla. El caldo de pollo, remedio que han promovido como ayuda para la gripe desde su conformación, finalmente tiene validación científica. «Abuelas que Saben» se congratulan no por ellas, sino por la ciencia; ellas en realidad no necesitan validación alguna.

La mayoría de los molestos síntomas de la gripa tienen una causa común: la hinchazón de los tejidos. El sistema inmune es el responsable de la inflamación, pues manda unas células especiales, llamadas neutrófilos, a las vías respiratorias con el fin de atacar a los cuerpos extraños que hacen daño. Los neutrófilos tienen como característica promover secreciones en los tejidos, lo cual puede causar tos, mocos e inflamación, que paradójicamente aumentan la propensión a contraer más infecciones.

El caldo de pollo, preparado bajo la receta oficialmente conocida como «receta de la abuela», inhibe la actividad de los neutrófilos, evitando así toda la serie de síntomas que desencadenan. Para comprobarlo, se cocinó caldo de pollo y se hicieron varias diluciones, para después añadirlas a muestras sanguíneas con neutrófilos. Entre menos diluido el caldo, la actividad inhibitoria funciona mejor.

Para tratar de dilucidar el misterio de cuál componente del caldo de pollo produce tal efecto, se volvió a seguir la receta tomando muestras en cada paso. Al incorporar primero el pollo, el caldo compuesto con solo este ingrediente no funciona. Pero si se prueba con el mismo caldo tras haber agregado la primera tanda de verduras, el efecto aparece.

La identidad del ingrediente o de los ingredientes activos sigue siendo un misterio, pues si bien el caldo preparado únicamente con las verduras logra un efecto inhibitorio, seguir la «receta de la abuela» de pollo con verduras lo consigue mucho mejor: parece potenciar sinergias que ninguno de los ingredientes muestra de manera individual.

En los humanos en vivo, es decir, en situaciones en las que una abuela verdadera prepara un caldo de pollo con amor y después se ingiere (en vez de ser añadido a muestras de sangre en un laboratorio) parece tener beneficios adicionales. Se ha visto que sorber líquidos calientes estimula el flujo nasal y aminora los síntomas de congestión respiratoria. Además, el poder de nuestra mente y las relaciones que hacemos con la comida también pueden ser muy fuertes, y el caldo de pollo, en particular, brinda confort y una sensación de conexión y acompañamiento en mucha gente.

Cabe mencionar que todo esto es algo que, por supuesto, el departamento de «Abuelas que Saben», como su nombre lo indica, ya sabían.

¿POR QUÉ SABE MÁS RICA LA TAPA DEL MUFFIN QUE EL RESTO?

La pelea por la tapita del muffin es algo con lo que se puede relacionar gente alrededor de todo el mundo, personas de todas las edades, en cualquier cultura que tenga muffins. Esa parte de ese pan es especialmente deliciosa y codiciada. He aquí el secreto: su sabor no tiene tanta relación con los ingredientes, sino con el lugar donde se encuentran.

Cuando se combinan azúcar o carbohidratos con proteínas en presencia de calor, ocurre una reacción química llamada «reacción de Maillard». Durante el proceso de horneado de los muffins, la humedad comienza a reducirse de afuera hacia adentro, por lo que, en la parte más externa, al tener menos agua, la temperatura aumenta y los azúcares se degradan más que al interior. Entonces se comienzan a formar en el exterior partículas especiales producidas por la reacción de Maillard que le dan color dorado, textura crujiente y sabor delicioso a la tapita del muffin.

La reacción de Maillard no solo ocurre en los panes, sino en casi cualquier alimento que contenga carbohidratos y proteínas y que se exponga a mucho calor con un poco de humedad. El propósito de «sellar» las carnes, ya sean pollo, filete, atún o cualquiera que sea sellable, no es evitar que se salgan los jugos, sino formar estas partículas de sabor y de color. De modo que el dorado no se produce porque se estén quemando, sino por la reacción química que ocurre.

Hornear, rostizar y freír son los procesos que producen más reacción de Maillard, por eso cambian el color de la comida, provocando nuevos sabores, texturas y aromas. Gracias a ello, un mismo producto, por ejemplo un filete de pescado, huele diferente si es hervido que si es frito. También por esto, para darle un toque de sabor a un filete rostizado se le añade en la superficie un glacé dulce; mientras más azúcar o proteínas existan, la reacción de Maillard será más fuerte.

En los muffins, las partículas producidas por esta reacción tienen propiedades antioxidantes (para el muffin mismo, no para quien lo consuma). Lo que quiere decir que previenen la oxidación; en otras palabras, logran que el producto se conserve en buen estado durante más tiempo. Así que, si la disputa por la tapita tarda varios días en solucionarse, la causa de la discordia será también la causa de que pueda prolongarse por mucho tiempo.

PARTE 3:

NATURALEZA

¿SON MEJORES LOS PERROS O LOS GATOS?

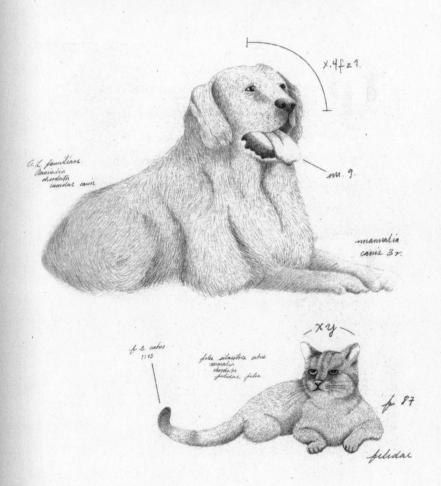

Pocas veces en el LIMS se han visto controversias más descarnadas que la referente a cuál animal de compañía es mejor: perros o gatos. De cada lado de la disputa hay una cantidad impresionante de argumentos, todos absurdos. Por ello, en apoyo a la comunidad, hemos hecho una lista de argumentos y contraargumentos que podría contribuir a que la controversia siga siendo descarnada, pero con más lógica.

ARGUMENTO A FAVOR DE LOS PERROS

Probablemente sientan más amor por los humanos que los gatos

En ciencia, el amor se mide no con palabras, gestos o lamidas, sino con el nivel de oxitocina, un neurotransmisor relacionado con los sentimientos de apego y confianza. Los humanos producimos un poco de oxitocina al tener algún encuentro agradable con un extraño. Esta oxitocina se duplica si el encuentro es con alguien que conocemos y aumenta aún más si es con alguien a quien amamos, por ejemplo, una pareja o un hijo. Pero casi nunca producimos tanta oxitocina como la que producen los perros al jugar con personas.

Una interpretación es que los perros realmente aman a sus humanos, o al menos en sus cerebros se están disparando las señales de amor. En cambio, en los gatos, los niveles de oxitocina llegan a apenas 20% de lo que producen los perros. La evidencia apunta a que, efectivamente, los perros nos quieren mucho más que los gatos.

CONTRAARGUMENTO A FAVOR DE LOS GATOS

El experimento que acabamos de mencionar se hizo con 10 gatos y 10 perros en un laboratorio. Los gatos, sabemos, se desconciertan con facilidad al no estar en su territorio. Es muy probable que estuvieran estresados, lo cual los haya prevenido de liberar oxitocina. Seguramente tendríamos resultados diferentes si se midiera este neurotransmisor cuando los mininos están acurrucados ronroneando en nuestro regazo.

ARGUMENTO A FAVOR DE LOS PERROS

Los perros tienen más neuronas, lo cual tal vez los hace más inteligentes

Los mamíferos tenemos en el cerebro una capa externa y arrugada llena de neuronas, llamada corteza cerebral. Se cree que entre más neuronas haya en ese lugar, el procesamiento de información y, por lo tanto, la capacidad cognitiva son mayores. Es decir que la resolución creativa de problemas, algo con lo que se mide la inteligencia, también es mayor.

Los humanos tenemos aproximadamente 16 mil millones de neuronas en la corteza cerebral, el mayor número de ellas hasta donde sabemos. Los perros tienen 530 millones y los gatos 250 millones. Bajo estos términos, los perros son más inteligentes que los gatos.

CONTRAARGUMENTO A FAVOR DE LOS GATOS

¿Qué es la inteligencia? Basar su definición poniendo la capacidad humana como una cúspide inalcanzable es bastante sesgado. Los gatos podrán tener 250 millones de neuronas y con ellas basta para ignorar nuestros llamados y cubrir su propio excremento. Los perros, con más del doble de neuronas, son dóciles, hacen lo que les ordenamos y, con frecuencia, comen excremento ajeno. Los humanos, con nuestras insuperables 16 mil millones de neuronas, recogemos las heces tanto de perros como de gatos y pasamos una cantidad considerable de tiempo viendo fotos de ellos en redes sociales. Probablemente el número de neuronas no sea un indicativo confiable de inteligencia.

ARGUMENTO A FAVOR DE LOS GATOS

Los gatos siguen siendo semisalvajes y eso es emocionantísimo

Durante decenas de miles de años, los humanos hemos seleccionado a algunos animales con base en ciertas características que nos gustan o nos dan un beneficio. Por ejemplo, a las vacas por su leche, a las gallinas por sus huevos, a los lobos (que dieron origen a los perros) por su docilidad. A los gatos no les vimos nada, sino que ellos vieron algo en nosotros: muchos cereales y, con ellos, muchos roedores.

El genoma de los gatos domésticos ha revelado que ellos mismos llevaron a cabo su domesticación, ya que portan genes que los hacen sentir menos miedo a situaciones nuevas y a buscar recompensa por sus acciones. No hay nada que indique que tengan alguna característica en beneficio de los humanos. Simplemente fueron los gatos menos tímidos y más chantajistas, los que se acercaron a las poblaciones humanas; así, ellos mismos iniciaron su domesticación hace aproximadamente 6000 años, lo cual ha sido muy poco tiempo como para que se esfumen de ellos rasgos salvajes como su independencia de la humanidad, la visión nocturna y la capacidad de ingerir muchas proteínas y grasas. En cambio, los perros llevan a nuestro lado 30000 años y se sabe que fuimos seleccionando a los más mansos para acompañarnos.

Esto ha llevado a suponer que los gatos nos ven como un gatote medio tonto e inofensivo a quien toleran (y a veces ni tanto, según observaciones de todos los humanos que viven con gatos). De modo que vivir con un gato es todo un reto y, por lo tanto, aporta más emoción a la vida cotidiana.

CONTRAARGUMENTO A FAVOR DE LOS PERROS

¿Quién querría un animal semisalvaje habitando bajo el mismo techo? El parecido en personalidad que tienen los gatos con los leones, felinos a quienes indudablemente consideramos peligrosos, ha llevado a suponer que, si se les presentara la oportunidad a nuestras «mascotas», intentarían matarnos.

ARGUMENTO A FAVOR DE LOS GATOS

A pesar de ser medianamente salvajes, prefieren el contacto humano a la comida

Investigadores angustiados por saber si sus gatos los querían o solo pretendían hacerlo porque les daban de comer, desarrollaron un experimento en el que les presentaron a los felinos estímulos de cuatro categorías: interacción social humana, juguetes, comida y aroma. La mayoría de los gatos prefirió la interacción con humanos, seguido de la comida.

Si alguien alguna vez ha visto el comportamiento de un perro al mostrarle un plato de alimento, sabrá que difícilmente se puede decir lo mismo de estos caninos (aunque aún no se ha comprobado científicamente).

CONTRAARGUMENTO A FAVOR DE LOS PERROS

El amor nace en el estómago. Es algo que se sabe.

CONCLUSIÓN:

Después de presentar tales argumentos y contraargumentos al grupo piloto formado en la sede principal del LIMS, la discusión entre amantes de los perros vs. amantes de los gatos rápidamente volvió a tornarse absurda y carente de razonamiento. Nuestra conclusión es que, a pesar de toda la evidencia científica que pueda tenerse, cada individuo mostrará una preferencia particular por perros o por gatos mediada por la emoción y no por la razón. Finalmente, así es el amor.

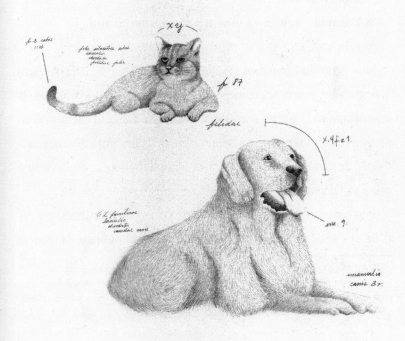

¿CUÁLES SON LOS EFECTOS DE LA LUZ ARTIFICIAL EN LA BIODIVERSIDAD?

Como medianamente serios adherentes de la organización internacional por cielos *darks*,[*] en el LIMS estamos comprometidos con tres cosas:

1. **Tratar de mantener los cielos oscuros.**
2. **Concientizar sobre los efectos de la luz artificial en la biodiversidad.**
3. **Escuchar *new wave* mientras miramos las nubes.**

Para el punto 1 tenemos algunas recomendaciones. Para el punto 2, responder preguntas como esta nos hace buenos miembros de la organización. El punto 3, nos dimos cuenta después, fue resultado de una mala interpretación del nombre de la organización internacional de cielos oscuros, pero, tras algunas semanas de llevarlo a cabo, se convirtió en un hábito al que le agarramos el gusto.

Pocas veces se toma en cuenta que con cada iluminación artificial (ya sea casera, de automóvil, alumbrado público, anuncios,

---

[*] The internatianal dark-sky association es una agrupación internacional cuya misión es proteger y preservar los cielos oscuros y el ambiente que proveen, a través de la promoción de iluminación exterior responsable. Son una asociación superimportante en cuanto a la eliminación de la contaminación lumínica a nivel mundial.

etc.), perdemos oscuridad en el mundo. Y no en un sentido figurado, sino literal.

Esto priva a la humanidad de disfrutar de cielos nocturnos en los que se pueda observar las estrellas, la luna, la vía láctea y otros objetos celestes, lo cual ha sido importante para prácticamente todas las culturas durante miles de años. Pero más terrible aún es que, durante millones de años, la mayoría de las especies, incluida la nuestra, ha evolucionado en condiciones naturales de luz y oscuridad; prácticamente todas las funciones biológicas (como la secreción de ciertas hormonas, el comportamiento y el inicio o final de ciertos ciclos, como la reproducción) dependen de estas condiciones, que se desequilibran o rompen con la luz artificial.

Todo esto se relaciona con alguna de las señales que proporciona la luz natural: intensidad, ritmo y composición espectral (si la luz tiene más azul o más rojo). Enlistar todos los efectos de la luz artificial en la biodiversidad sería una tarea muy extensa, por eso vamos a nombrar solo algunos bajo el criterio de la arbitrariedad y de los seres vivos que más nos gustan: plantas, aves y un mamífero (al que puedes ver en el espejo).

A las plantas, el ritmo y la intensidad de la luz les informa sobre la duración del día, que a su vez les indica en qué estación del año están. Con esta información inician la floración, la liberación de semillas, la pérdida de follaje u otros procesos de su vida. El alumbrado público altera esta progresión anual de los procesos mencionados, a veces únicamente del lado de la planta que está junto a un foco: hay árboles que tienen flores en un lado y en el otro no, lo que brinda paisajes urbanos singulares, pero altera el ciclo de vida de las plantas, que a su vez puede modificar el de sus herbívoros y otras especies con las que se vinculan.

Algo similar ocurre con muchos animales para quienes la duración del día activa procesos para iniciar diferentes etapas de su vida, por ejemplo, la reproducción, que generalmente ocurre en primavera. Esto ha provocado que algunas aves urbanas comiencen a desarrollar su sistema reproductivo precozmente, pues están expuestas a casi una hora más «de día»: las luces artificiales confunden su fisiología haciéndoles creer que la noche llega más tarde. El resultado es que estas aves inicien su reproducción hasta 19 días antes de tiempo.

Para las aves migratorias nocturnas, que se ubican gracias a la luz de la luna y las estrellas, las luces nocturnas de edificios o torres las hacen vagar y desviarse de sus rutas, dirigiéndolas hacia ciudades o cielos iluminados donde hay edificaciones con las cuales se estrellan y mueren por millones cada año.

A los mamíferos también les ocurre toda una serie de calamidades asociadas con la luz artificial. Muchas se relacionan con una hormona producida durante periodos de oscuridad llamada melatonina, responsable de regular los ciclos del sueño y la vigilia. La melatonina, además, estimula el sistema inmune, es protectora celular y previene que los tumores se propaguen por el cuerpo. Por ello, si el equilibrio de la melatonina se rompe, con él se rompen muchas cosas más.

Para ejemplificar los estragos de la falta de melatonina, tomaremos el caso del animal en el que más se ha estudiado: el ser humano.

La melatonina en humanos se produce en la glándula pineal, ubicada hacia el centro del cerebro, la cual permanece en reposo durante el día y se activa con la oscuridad de la noche. La melatonina causa que las personas se sientan menos alertas y más soñolientas. Los niveles de melatonina permanecen altos durante toda la noche hasta que la luz inactiva de nuevo la glándula pineal.

La luz suprime la melatonina, en particular las luces blancas o que contienen el espectro azul, lo cual no sería un problema si la luz que tuviéramos fuera únicamente la del sol, que se apaga todas las noches. Sin embargo, las luces artificiales blancas, que hacen que la noche no sea tan oscura, abundan: focos (aunque digan que son de luz cálida), computadoras, teléfonos inteligentes. No es de extrañar que los trastornos de sueño sean cada vez más comunes en la sociedad que, aunque apague sus aparatos eléctricos, se encuentra expuesta a poca cantidad de oscuridad. La supresión de melatonina, además, incrementa el riesgo de obesidad, depresión, diabetes y algunos tipos de cáncer, especialmente el de mama.

Lo mejor para evitar todo este desastre es dejar ser a la oscuridad: apagar focos, especialmente durante el amanecer y el ocaso (que son los momentos de mayor información sobre la duración del día para los animales). Cerrar bien las cortinas para que la luz del interior de las casas se quede ahí dentro. Promover un alumbrado público que tenga solo luz suficiente para ver por dónde se camina y no como para pretender que sigue siendo de día. Si se quiere escuchar *new wave* para sentir aún más la oscuridad, puede hacerse, aunque recomendamos ver el cielo nocturno en total silencio, pues así se siente más su negrura.

¿POR QUÉ A DONDE SEA QUE VIAJO HAY GORRIONES?

A l viajar, sin importar el destino, lo más probable es que uno se encuentre con:

☐ Turistas en bermudas
☐ Gorriones
☑ Todas las anteriores

Esos familiares pajarillos grises con café que caminan dando saltitos viven casi en todo el mundo, aunque originalmente son de la zona del Oriente Medio, Eurasia y el Norte de África. A partir del siglo XIX, su distribución comenzó una expansión mundial y hoy son el ave que está en más lugares del planeta, gracias a dos factores principales:

1. La extraordinaria capacidad de dispersión de sus transportistas, los humanos.
2. Su tolerancia y gusto por esos transportistas y las condiciones en que viven.

El lugar favorito para los gorriones es cualquier asentamiento humano. Dondequiera que hay ciudades o pueblos, hay gorriones. En grandes praderas y bosques prístinos es raro encontrar el trinar de estas aves, pues realmente les gusta la mala vida, es decir, vivir junto a nosotros. La razón principal es que los proveemos con grandes cantidades de comida gracias a los cultivos de cereales, lo cual no suena como una vida tan mala. Quien se lleva la peor parte de la relación somos los humanos, pues los gorriones comúnmente se convierten en una plaga difícil de eliminar que destruye cultivos, transmite enfermedades y amenaza a la biodiversidad nativa.

Ya sea de forma deliberada o accidental, aunque principalmente accidental, la gente ha llevado a esta ave con ella en sus movimientos por el mundo. Así fue como llegó en 1851 a Norteamérica, y algunos años después al centro y el sur de este continente, a toda África, a Australia, a Nueva Zelanda, a Japón, y a islas del pacífico como Hawái. La gran virtud que les ha facilitado la colonización mundial no es únicamente que se hayan pegado a los humanos, sino también los pocos moños que se ponen respecto de su hábitat.

Todas las especies viven mejor bajo ciertas condiciones y peor en otras. Ese «peor» puede llevarlas, incluso, a la extinción, que ocurre frecuentemente ante cambios ambientales. Para el gorrión, las condiciones ambientales en donde se encuentra feliz y con calma son superamplias; tolera casi cualquier clima. El único continente que le falta conquistar es la Antártica.

Su sosiego ante lo nuevo no se limita a los lugares y al clima. En experimentos en los que se les ofrecieron alimentos novedosos y variados como crema de cacahuate, caramelos machacados, yogurt y comida para perro, no mostraron temor ni repulsión por probarlos (los caramelos fue lo único que no les interesó, rasgo que comparten con algunos niños nacidos en los ochenta). Esto tal vez explique también su éxito como invasores: tienen una flexibilidad de comportamiento mayor que muchas otras especies.

En cambio, a pesar de que los turistas en shorts muestran tolerancia a cualquier clima, su comportamiento no parece tan flexible, algo que se refleja en el uso continuo y necio de esa prenda de vestir.

¿LOS PERROS RAZONAN?

Los humanos tenemos costumbres que nos parecen razonables, por ejemplo, definir el razonamiento como una capacidad exclusivamente humana. Bajo tal definición, es muy fácil responder si cualquier otra especie razona: no.

Esta definición ha parecido poco razonable a otros humanos, dado que, según ellos, razonar es la capacidad de estructurar y organizar ideas y hechos para llegar a una conclusión que resuelve una situación o un problema. Definir el razonamiento como una capacidad exclusivamente humana definitivamente sí resuelve un problema, por ejemplo, responder a esta pregunta con una fácil negación, pero no está tomando en cuenta la evidencia que existe sobre cómo algunos animales derivan conclusiones a partir de establecer conexiones causales entre eventos; es decir, a través del razonamiento.

Así que pensar que razonar es únicamente humano resulta no ser muy razonable, ya que la definición se contradice por hechos como el siguiente experimento.

Se pone un juguete debajo de un contenedor y al lado de este, otro contenedor vacío. Se les pide a unos perros que encuentren el juguete, proveyéndoles de una pista: se les muestra únicamente el contenedor vacío.

Si los perros pudieran razonar, entonces podrían encontrar el juguete solo con esta pista, ya que por exclusión concluirían que el juguete se encuentra en el contenedor que no les han mostrado.

Sin embargo, la intervención de los humanos es el principal impedimento de que los perros razonen.

Cuando en el experimento es una persona quien muestra el contenedor, los perros tienden a tomar sus gestos, miradas y posturas como señales, lo cual nubla su razonamiento y les impide encontrar el juguete. Sin embargo, sí tienen la capacidad de hacerlo: si se les da la pista sin personas, por ejemplo, con cuerdas que levantan la tapa del contenedor, lo encuentran a la primera.

Es muy probable que la mayoría de las expresiones en perros que tomamos como razonamiento (como escucharnos y obedecernos) sean más bien el resultado de un aprendizaje gradual para entendernos mejor y, por lo tanto, para mejorar aquello que están haciendo. Pero esas no son soluciones espontáneas que emergieron a través de organizar mentalmente elementos de una situación novedosa; son entrenamiento.

Tal vez cuando los canes están solos, resuelven por sí mismos varios problemas de sus vidas sin nosotros, y todos los zapatos destruidos que encontramos son en realidad una solución razonable a su aburrimiento solitario.

¿LAS PLANTAS TIENEN CONCIENCIA?

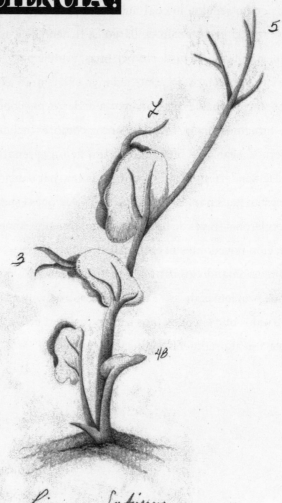

Pisum Sativum

El LIMS se reserva la opinión sobre la definición de consciencia, ya que la especie a partir de la cual se definió este concepto, la especie humana, muestra contradictoriamente ejemplos lamentables de falta de esta (basta asomarse por cualquier ventana, a cualquier hora, y observar durante algunos minutos a individuos de tal especie para comprobarlo). Así que no podemos responder estrictamente si las plantas tienen conciencia o no. Pero sí podemos afirmar que, hasta donde sabemos, las plantas tienen la capacidad de oler, escuchar, sentir, recordar, aprender e incluso, de ser entrenadas.

Todo lo anterior lo logran sin la necesidad de cerebro ni sistema nervioso. En uno de los ejemplos de falta de conciencia humana, las personas tienden a pensar que tener cerebro es la única y mejor manera de estar al tanto del exterior y tener una respuesta pertinente a lo que sucede. Pero el cerebro, como cualquier otro órgano, cumple con una función que puede ser realizada por una diversidad de estrategias muy distintas.

Las plantas, al tener la característica de estar enraizadas al suelo, no pueden huir de peligros, perseguir su comida o desplazarse de un lugar a otro para ir tras la sombrita (o al solecito). Esto las ha llevado a desarrollar adaptaciones de sensibilidad y percepción extraordinarias hacia lo que las rodea, pues a pesar de su limitada movilidad, sí se defienden, se alimentan y, en general, como cualquier otro ser vivo, procuran su propio bienestar.

Pero para que los humanos, con toda la consciencia que poseen, logren comprender que las plantas son seres sensibles, se necesita un poco de flexibilidad en el entendimiento de varios conceptos.

Por ejemplo, del olfato. Si pensamos en este sentido como la percepción de moléculas en el aire y la respuesta adecuada a estas, entonces las plantas lo tienen. Por ejemplo, cuando detectan hormonas en el aire que provienen de otras plantas en maduración e inician así la suya (ver el capítulo de si una manzana podrida hace que se pudran las demás). Con el oído ocurre algo similar, pues algunas plantas han mostrado respuesta a ciertas vibraciones sin necesidad de oídos: se extienden hacia donde existen frecuencias acústicas que les informan que hay agua en un lugar cercano.

A pesar de la evidencia, varios humanos de egos heridos argumentarán que dichas respuestas de las plantas son meras reacciones mecánicas. Ante tal hecho, se han realizado ociosos experimentos que demuestran que las plantas son, más o menos, como un perrito pegado al suelo que aprende y puede ser entrenado.

Uno de estos experimentos consistía en arrojar al suelo plantas que naturalmente «cierran» sus hojas cuando las tocan, cuidando, claro, de no lastimarlas (las personas a cargo del experimento son de esos humanos convencidos de que las plantas son seres sintientes). La respuesta de las plantas al estímulo mecánico de estrellarse fue cerrar sus hojas, hasta que, después de más de 50 veces de ser tiradas al suelo, dejaron de hacerlo. Desistieron de presentar la reacción natural contra el peligro, como si de alguna forma hubiesen entendido que por más que personas en batas blancas las tiraran al suelo, no les pasaría nada. Después de un mes, se volvió a tirar a las mismas plantas y estas seguían recordando su aprendizaje sobre lo inofensivo de ser arrojadas contra el suelo.

Ante semejante resultado, los humanos, convencidos de que las plantas no solo podían sentir, sino aprender, decidieron probar si podían ser entrenadas, o en otras palabras, ser capaces de asociar la ocurrencia de un evento con la anticipación de otro. Si estuviéramos hablando de perros, sería algo así como cuando se les enseña que cierto silbido significa que es hora de comer, y al escucharlo, comienzan a salivar anticipadamente. Solo que, para las plantas, comer se traduce en luz.

A plántulas de chícharo se les presentó una disyuntiva literal: un tubo en forma de Y donde, de un lado, se les proporcionaba luz a ratos acompañada de una ligera brisa proveída por un pequeño ventilador, y del otro lado, nada. Después de tres días de entrenamiento, se les comenzó a poner luz de un lado y brisa del otro, dándoles la opción de crecer hacia cualquiera de los dos. A la respuesta de las plantas, si fueran animales, le llamaríamos condicionamiento, ya que eligieron ir hacia la brisa y no hacia la luz. Lo «normal» sería que las plantas se estiraran hacia su fuente de alimento, pero al tratar de alcanzar el lado de la brisa, se muestra que pueden modificar su comportamiento con base en un aprendizaje pasado, en el cual la brisa funge como una pista de la recompensa que recibirían.

De modo que nos permitimos concluir que no solo es por falta de definición de «consciencia» que no podamos responder a la pregunta de si las plantas cuentan o no con ella, sino porque, ante las recién reveladas capacidades extraordinarias de percepción y respuesta que tienen, no nos importa mucho cómo se le deba llamar a eso.

¿POR QUÉ LA LLUVIA HUELE TAN BIEN?

Hubo una vez un par de investigadores que, por alguna razón desconocida, supusieron que la sangre de los dioses griegos olía rico. Al menos en el LIMS eso suponemos que supusieron, pues esos mismos investigadores iniciaron con la averiguación del olor de la lluvia, al que nombraron *petricor*, al unir las raíces griegas *petra* (piedra) e *ichor* (el fluido que sirve de sangre a los dioses, obviamente, mitológicos). También suponemos que supusieron que el *ichor* tenía un olor agradable, pues el olor de la lluvia a casi todo mundo place.

Las causas de este aroma son varias. Una son ciertos aceites que secretan las plantas durante periodos de sequía que impiden que las nuevas generaciones les hagan competencia, pues estos aceites inhiben la germinación de semillas. Otra causa es la geosmina, una sustancia que elaboran las bacterias al formar esporas. Tanto los aceites de las plantas como la geosmina se producen, sobre todo, en épocas de poca humedad y se van acumulando en el suelo y en las rocas.

Cuando por fin caen unas gotas del cielo, estas rebotan contra las superficies y forman pequeñas burbujas que atrapan aire y partículas que haya por ahí (entre ellas, los aceites de las plantas y la geosmina que se habían acumulado). Estas burbujas flotan hasta llegar a nuestra nariz y, cuando estallan, liberan las partículas que cargan los aromas.

El número de burbujas que se produzcan determinará qué tanto olerá la lluvia. Por ejemplo, las primeras lluvias generalmente tienen olor más fuerte, pues se encuentran más compuestos aromáticos acumulados en el suelo. Una lluvia con gotas muy rápidas no produce tantas burbujas, por ello, el olor a lluvia es más común cuando estas gotas son ligeras o moderadas.

Si la lluvia se acompaña de rayos, el olor se intensifica. La carga eléctrica puede separar las moléculas de oxígeno y nitrógeno que componen la atmósfera, logrando que se combinen entre ellas y formen óxido nítrico y, después, con más combinaciones, ozono. Este último tiene un olor particular: es el que nos lleva a reconocer, a veces, que la lluvia viene en camino.

Todo lo anterior explica que la lluvia huela a algo; no necesariamente algo rico. Sin embargo, la mayoría de las personas encontramos agradable el olor a lluvia. El olfato humano tiene una extraordinaria capacidad para percibir la geosmina: una partícula entre un millón de millones (1/1000000000000): es decir, que una partícula de geosmina puede estar mezclada entre un millón de millones de otras cosas y aun así seríamos capaces de percibirla. El hecho de que nos guste probablemente se deba a que diversas culturas alrededor del mundo han asociado la lluvia con tiempos de fertilidad, con el crecimiento de cultivos y de animales y, por ende, con la abundancia de alimento. Y a todos nos gusta comer.

Así, el petricor, más que oler a fluidos mitológicos, nos recuerda que la lluvia es un aviso de que los tiempos de comilona están por llegar. O, tal vez, que la sangre de los dioses no es algo de otro mundo, sino simplemente la abundancia que nos brinda la naturaleza en forma de precipitación.

¿LAS ABEJAS TIENEN LENGUAJE?

Antophila

Respuesta corta: sí. Respuesta larga: efectivamente.

Como ocurre con muchas respuestas sencillas, el proceso para llegar a ella no lo fue tanto. Y como también sucede con muchos descubrimientos extraordinarios, partió de una casualidad. En este caso, casualmente un investigador de abejas se sentó durante varios días a observar panales con el propósito de saber más sobre la percepción de color en estos himenópteros. Después de muchas horas nalga, la observación más importante no estuvo relacionada con el color, sino con el movimiento y comunicación entre las abejas. Casi 100 años después de estas primeras observaciones, hoy se ha acumulado suficiente evidencia como para asegurar que las abejas viven en una especie de juego llamado «dígalo bailando».

Para una abeja, una tarde típica es así: después de haber encontrado un lugar con abundantes flores, regresa a su panal y comienza una serie de meneos muy particulares: agita vigorosamente su cabuz mientras se mueve de atrás hacia delante repitiendo un patrón en forma de ocho. Otras abejas la observan detenidamente y salen después en una dirección específica que coincide con el lugar de abundante alimento.

El mensaje que comunican en el meneo informa con bastante precisión la dirección y la distancia a la cual se encuentra la fuente de comida, la cual terminan de ubicar por pistas olfativas y visuales. Este es el tipo de comunicación más sofisticado que los humanos hemos llegado a conocer en algún animal, exceptuando el de algunos primates, tanto así, que aún no logramos descifrarlo por completo.

Se sabe que la duración del baile, el largo y el ángulo que usan en el patrón se correlacionan con la distancia, la dirección y la calidad del lugar. Con esa información y cargados de la gran pretensión de que por ser humanos podríamos decodificarlo todo, se construyeron unos pequeños robots que imitaban el baile de las abejas, de modo que les comunicaran la locación de un lugar particular.

Las abejas observaron detenidamente los bailes de las maquinitas y salieron de la colmena. Los humanos en cuestión, emocionados, siguieron a las abejas, las cuales llegaron directamente a los lugares donde solían alimentarse. Es decir, hicieron caso omiso a lo que les dijeron los robots, o más probablemente, no los entendieron. Todavía nos falta ajustar uno que otro paso de baile para poder comunicarnos con estos sabios y danzantes insectos.

¿POR QUÉ NO SE PUEDEN PREDECIR LOS SISMOS?

Desde que los seres humanos tenemos algo que nos caiga encima, predecir los sismos ha sido un anhelo que nos ha acompañado en cualquiera de nuestros refugios. Lo cierto es que algunas cosas sobre los sismos sí pueden estimarse hasta cierto punto, por ejemplo, en qué lugares es más probable que ocurran dentro de una ventana de tiempo de algunas décadas. Pero esta información solo es útil para planear asentamientos humanos y no parece que nos haya importado mucho, dado que grandes ciudades, como la Ciudad de México o Manila (en Filipinas), siguen creciendo a pesar de saber que yacen sobre una bomba de tiempo.

Lo que sería más útil, dada nuestra necedad de vivir donde sea, sería predecir cuándo y dónde ocurrirán los sismos de grandes magnitudes (y, por lo tanto, también nos interesa predecir esa magnitud). Todo lo cual, hasta ahora, es imposible. Aunque, eso sí, entre temblor y temblor hemos avanzado un poco en nuestro entendimiento sobre ellos.

Hasta los sesenta, la causa por la cual ocurrían los terremotos era un misterio. Fue entonces que se descubrió que la corteza terrestre está formada de varias placas tectónicas de 150 km de grosor en constante movimiento. Como son varias y no se mueven coordinadamente, sino cada una a su paso y en su dirección, chocan, se meten unas debajo de otras, se hunden y se elevan. Esto no es un desastre porque lo hacen lenta y suavemente, excepto cuando no es así, y sí ocurren los desastres.

Los terremotos son el resultado de la acumulación de estrés entre dos placas, tanto que de repente se mueven de modo abrupto y, con ellas, todo lo que está encima (incluyendo nuestra calma).

Los sistemas de alarma actuales detectan el momento en el que las placas se mueven violentamente; por lo tanto, no predicen nada, sino que avisan que el terremoto ha comenzado. Si ocurre a varios kilómetros de distancia (tanto hacia los lados como debajo de la superficie) nos dan, si bien nos va, unos minutos para la evacuación.

Saber la causa de los temblores trajo algo de esperanza respecto a su predicción, ya que, si son producto de la acumulación y la liberación de fuerzas, probablemente existiera cierto ritmo que pudiéramos llegar a entender. Pero no. Hasta donde nuestra comprensión nos da, los temblores no tienen ciclos suficientemente constantes y precisos como para que la información pudiera ayudarnos a organizar evacuaciones a tiempo, que finalmente es lo que evitaría que nos cayeran cosas encima, nuestra principal preocupación.

Aunque no lográramos descifrar nunca el ritmo de los temblores, o incluso, si no existiera, podríamos predecirlos si tuviéramos señales que los precedieran. Para predecir algo necesitamos pistas: cosas que nos informen que ese algo viene en camino. Hasta ahora, no hemos encontrado ninguna señal que nos avise que un terremoto se aproxima; o al menos, ninguna que pudiera sernos realmente útil. Las señales que necesitamos deben ser certeras y precisas, es decir, deben cumplir con dos requisitos:

1. Ocurrir antes de sismos grandes, y sólo sismos grandes, de lo contrario, tendríamos avisos de cientos de sismos cada día (con lo cual tal vez se reduciría el riesgo de accidentes por temblores, pero la vida se volvería un constante peregrinar de un sitio descampado a otro).

2. Ocurrir *siempre* **antes de un sismo grande** (si no, ¿para qué las querríamos?).

El entendimiento de los terremotos hasta el día de hoy ni siquiera puede asegurar que una señal así exista. Hay quienes piensan que no será posible encontrarla, pero hay otros soñadores que siguen buscando, y con bastante creatividad.

Por ejemplo, la creencia popular de que los animales pueden percibir cuando viene un temblor se ha tomado con mediana seriedad por algunas investigaciones. Como aquella en la que se analizó la relación de los anuncios de mascotas perdidas en Estados Unidos y los temblores significativos en la región. La hipótesis era que, si perros y gatos presentían los temblores, entonces se asustarían y huirían con mayor frecuencia que cuando no los hay. Se encontró que los sismos les dan igual, pero que sí aumenta la frecuencia de huidas con las tormentas, no porque puedan predecirlas, sino porque la pasan mal durante ellas.

Otras investigaciones han estudiado el comportamiento de cucarachas, vacas y roedores durante sismos. Ninguno de ellos mostró signos de poder predecir los terremotos (incluso algunos, como las vacas, parecieron no se darse cuenta cuando uno estaba ocurriendo).

Además de los animales, que en realidad no se consideran como herramienta seria para predecir sismos, existen otras señales que han mostrado cierta evidencia de que podrían servir para pronosticar terremotos, especialmente señales electromagnéticas, como cargas eléctricas que se forman en las rocas cuando el estrés entre las placas va aumentando; o las llamadas «luces de temblor», gases o calor que emanan de repente de las fallas geológicas; o el patrón de la actividad sísmica previa a un gran temblor.

La mala noticia es una que ya sabemos: hasta ahora, ninguna de esas señales nos ha permitido predecir temblores de forma certera y precisa. La respuesta corta a por qué no somos capaces de hacerlo no es tan corta, pues hay dos opciones: la primera es que no hemos podido hallar la variable o combinación de variables que nos informaría el momento preciso y la magnitud de un sismo. La segunda es que, quizá, los terremotos son fenómenos que no ocurren siempre por la misma razón, lo que haría la predicción totalmente imposible.

Mientras tanto, seguimos temblando.

¿CÓMO ES QUE LAS PLANTAS SIGUEN AL SOL?

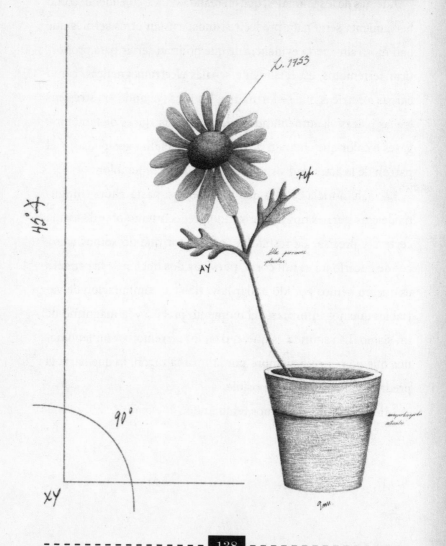

Varias casualidades no son casualidad, pensó Lilia mientras miraba con suspicacia su nueva planta, inclinada ya como todas las demás, volteando hacia la ventana. En eso Lilia tuvo razón, pues lo que se podrían considerar como «varias casualidades», es decir, varios hechos coincidentes, por lo general son patrones, o sea, regularidades en el mundo. Y por lo tanto, tienen una explicación común.

Sin embargo, Lilia se quedó corta en ubicar el patrón, pues no pensó en que las plantas, *en general*, se doblan hacia fuentes de luz, no solamente *sus* plantas hacia *su* ventana. Aun así, elaboró su propio razonamiento sobre el fenómeno: sus plantas sienten el deseo irrefrenable de volver a sus orígenes, el mercadito de la esquina. Así que, con una gran desdicha, las regresó al puesto donde las había comprado, en donde la marchanta la tiró un poco de loca, pero se le sembró la duda de cómo es que las plantas siguen al sol. Y entonces acudió al LIMS (si lo hubiera hecho la mujer de la ventana, la historia no hubiera sido triste y en su casa seguiría habiendo verdor).

Probablemente toda persona que haya tenido una planta cerca de una ventana haya podido observar cómo esta parece ir hacia la luz. Como la planta en cuestión (es decir, cualquier planta) no puede desplazarse, sus intentos se resuelven alargándose hacia la fuente de iluminación. La razón de este fenómeno es la misma de casi cualquier movimiento de los seres vivos: el hambre.

Las plantas elaboran su propio alimento usando como insumo la luz. El fototropismo, palabra elegante para el proceso de «ir hacia la luz», les otorga la ventaja de maximizar cuánta comida pueden producir al estar más expuestas a la iluminación.

Para lograrlo, las plantas cuentan con moléculas especiales llamadas fotorreceptores, formadas por una proteína y un pigmento. Cuando el pigmento hace lo único que puede hacer, o sea, absorber luz, cambia la forma de la proteína, lo cual resulta en muchos movimientos, algunos literales (como voltear hacia la ventana en busca de más luz).

Dentro de la planta se activa una serie de mecanismos, uno de los cuales envía una hormona de crecimiento a la parte de la planta que no recibe luz directa. Al promover el crecimiento de las células que permanecen en la sombra, estas incrementan su desarrollo y se dirigen a la fuente de iluminación (o sea, la parte de la planta que está en la sombra empieza a dirigirse hacia la luz a causa de la hormona que recibe; en este caso, se dirige hacia la ventana). Dado que la parte de la planta expuesta a la luz no necesita crecer hacia ella, estas células no producen la hormona del crecimiento. En otras palabras, la planta no se inclina; más bien, las hojas que no reciben luz aceleran su crecimiento, y las que sí tienen sol no lo hacen.

La luminosidad es una gran fuente de información para las plantas. Cuando reciben mucha sombra en su medio natural, lo más probable es que esa penumbra sea causada por otras plantas. Por eso, cuando les falta luz, crecen alargadas, pues de este modo se volverían altas en su hábitat natural y alcanzarían más sol, ganando ventaja frente a las otras plantas contra las que compiten.

La marchanta, que más que querer volverse rica vendiendo plantas desea que la gente en la ciudad se sienta bien al estar rodeada de estos seres, ofrece ahora esta explicación a manera de consejo para que las plantas no se inclinen, pero también como una forma de apaciguamiento: no hay nada de malo en una planta torcida, tan solo quiere un poquito más de sol.

TIP:

Si tienes deseo por la simetría y quieres que las plantas crezcan derechitas, lo mejor es que la fuente de luz les pegue de manera uniforme. Por ejemplo, al ubicarlas en un lugar donde el sol les dé por varios lados en el transcurso del día.

¿ALGUNOS ANIMALES PUEDEN DETECTAR ENFERMEDADES EN LAS PERSONAS?

Antes de entrar en el tema, la cuestión más importante por definir en este asunto es si nos interesa que *cualquier* animal detecte enfermedades en humanos. Imaginemos los siguientes escenarios: un mundo en el que serpientes escamosas tienen la capacidad de predecir diabetes, pero que para hacerlo deben oler con sus lenguas bífidas nuestro aliento. O que para contribuir en la detección de cáncer, tarántulas nos ausculten cada centímetro cuadrado de la piel.

Probablemente, gracias a que la respuesta de la mayoría de la población es «no, no quiero ni serpientes ni tarántulas sobre mí», es que los estudios sobre la detección de enfermedades por animales se han acotado a perros, a los que les permitimos estar tan cerca de nosotros como para oler obsesivamente un lunar.

Abundan casos anecdóticos sobre perros olfateando ciertas partes del cuerpo con especial interés donde, después se descubre, se alojaba un tumor cancerígeno en el preciso lugar en que pegaban sus narices. Algunos tumores producen compuestos volátiles que pueden llegar al aire o que pueden expulsarse del cuerpo a través del sudor, la orina y el aliento. Si estos compuestos tienen olores particulares, entonces parecería razonable que los perros, con su extraordinario olfato, pudiesen detectarlos.

El problema con esto es que los perros, aunque sí pueden aprender a reconocer muestras de pacientes con cáncer, parecen memorizar el olor de cada muestra en particular y no generalizan algo que ayude en la detección de nuevas muestras. Es como si para detectar bombas, pudieran detectar solamente las que ya conocen, sin reconocer los elementos comunes que tienen con bombas desconocidas (lo que realmente sería de utilidad). Hasta ahora, no hay ningún estudio que demuestre que los perros pueden detectar ningún tipo de cáncer de forma tan confiable como para poder reemplazar la visita al médico y sus análisis.

Pero que actualmente no sea posible que los perros ayuden en la detección del cáncer, no quiere decir que nunca lo vaya a ser o que no sirvan para otras enfermedades. Aproximadamente un tercio de las personas con diabetes reporta que sus perros tienen algún cambio de conducta antes de que ocurra un episodio hipoglucémico, lo cual indica que existe algo, probablemente oloroso, que pueda ser utilizado en el futuro como base para un entrenamiento predictivo, algo que ya ocurre con otras condiciones.

En el caso de la epilepsia, algunos perros pueden ser entrenados para que su obsesiva atención sobre los humanos con los que viven sea provechosa. Hay estudios que muestran que algunas señales visuales muy sutiles, como cambios en la expresión facial, postura y tensión muscular, pueden ser leídas por los perros como indicadores de que un ataque epiléptico está próximo a ocurrir, y así pueden ser entrenados para avisar a las personas y que estas se sitúen en un lugar seguro. Algo que, muy probablemente, no podrían hacer ni arañas ni serpientes, por muy buenas que fueran detectando los cambios.

Con esta evidencia podemos, por lo pronto, olvidarnos de la ayuda de cualquier bicho rastrero o viscoso. Con los perros y su increíble olfato, además de su manía por nosotros, el escenario de la predicción de ciertas enfermedades luce prometedor.

¿LA LLUVIA LIMPIA LA CONTAMINACIÓN?

Es poco frecuente encontrar casos en que un fenómeno meteorológico copie costumbres humanas, como echarle agüita al suelo para barrer mejor. En realidad no es poco frecuente, sino totalmente infrecuente, e incluso imposible, pues los fenómenos meteorológicos no son entidades y, mucho menos, entidades que puedan observar, razonar y, por lo tanto, copiar.

Pero para efectos de esta explicación, imaginemos que sí ocurrió: la lluvia hizo uso de los resultados obtenidos por tantas generaciones de humanos que han mojado superficies para limpiarlas. Solo que a la lluvia el resultado no le salió tan bien.

Las gotas de lluvia, nieve, neblina, o cualquier forma en la que el agua caiga de una nube, funcionan como pequeñas captadoras de partículas flotantes. Cuando el agua va cayendo desde las nubes hacia el suelo, interactúa con las partículas suspendidas, las recoge y, por lo tanto, incrementa su tamaño, las vuelve pesadas y hace que caigan a la superficie. A veces ni siquiera tiene que captar las partículas cuando va cayendo, sino que al mojar edificios, árboles u otras superficies, atrapa las partículas que pasan flotando, facilitando su posterior escurrimiento hacia el suelo. Es el equivalente planetario a rociar un poco de agua antes de barrer.

Qué tan bien se haga este barrido de contaminantes atmosféricos depende de varios factores: qué tan alto está la nube de donde cae el agua, el volumen de las gotas y la concentración y el tamaño de las partículas contaminantes. En esto último yace el problema.

Entre más grandes sean las partículas contaminantes, la lluvia podrá removerlas del aire con mayor facilidad. Lo cual es algo bueno, pero no tanto, pues las partículas pequeñas son las más dañinas para la salud, y a estas la lluvia no les hace prácticamente nada.

Al ser tan chiquitas, las partículas menores a 0.0025 mm, llamadas de cariño $PM_{2.5}$, se agarran mejor al interior de los pulmones y al tracto respiratorio. Además, contienen más componentes tóxicos que las grandes, a las que se les llama PM_{10}.

Cuando llueve moderadamente, apenas 1.45% de las $PM_{2.5}$ son removidas del aire; y cuando cae un tormentón, solo 8.7%. Pero para las PM_{10} la historia es muy distinta, pues con una lluvia tranquila se lava 10% de estos contaminantes; y si cae una tormenta, 30%.

Así como al barrer la calle pensamos que ya está superlimpia, después de las lluvias es común percibir que la atmósfera urbana está más despejada, a pesar de que nadie nunca ha hecho una investigación para confirmarlo. Esto puede ocurrir por tres razones:

1. Llovió fuerte y tendido. Si la lluvia dura varias horas, el efecto de limpieza se acumula. A partir de cinco horas de precipitación continua, la tasa de barrido aumenta a más de 60% para las partículas grandes, aunque para las chicas no pasa de 40% aun después de 10 horas de lluvia.

2. La lluvia se lleva el crédito del aire. Es común que las lluvias se acompañen de ráfagas de viento, el cual es una fuerza de la naturaleza que sí logra llevarse lejos la contaminación de ambas partículas.

3. Nuestro tremendo poder de autoengaño. Es muy probable que tengamos un sesgo hacia recordar los días en que después de una lluvia el ambiente se sentía fresco y limpio sobre los días en que no sucedió, y que basemos nuestras conclusiones en esa falacia.

El último punto es de especial importancia, pues nos hace creer que la contaminación puede esfumarse. Ya sea que el viento, la lluvia o una escoba barran la suciedad, esta no desaparece: simplemente se va a otro lado.

¿EL CAFÉ ES BUENO PARA LAS PLANTAS?

No hay pregunta más frecuente para las biólogas del LIMS que: «¿qué puedo hacer con mi planta que se está poniendo amarilla?». Y no hay respuesta más frecuente a esta pregunta que un «no sé». En las licenciaturas de biología realmente no se ven cuestiones específicas que tengan que ver con la salud de las plantas de interior.

Afortunadamente, muchas otras personas se consideran expertas en el asunto. Sus recomendaciones para casi todo mal vegetal es echarles café. ¿Babosas o caracoles? Ponles café. ¿Gatos necios que les hacen pipí? Café. ¿Hierbas malas? Café. ¿Hojas amarillas? Café.

Por café se refieren a los granos de café molidos después de haber sido usados para preparar la bebida del mismo nombre. Los granos de café son las semillas de esta planta, por lo que su misión en la vida no es despertar personas, sino cargar con un embrión y lo necesario para que pueda germinar. Entre estas cosas contienen proteínas ricas en nitrógeno en un porcentaje ideal para la nutrición del suelo.

Al pasar por agua caliente, muchos de los compuestos de los granos de café se disuelven en esta agua, aunque otros, los más aceitosos, permanecen en el café molido, y parece que son muy importantes en las propiedades benéficas que se le adjudican para las plantas. Por ejemplo, en los granos usados se quedan los aceites que le dan su característico aroma, los cuales le brindan algunas propiedades antioxidantes y antimicrobianas.

Durante la descomposición de los granos se han visto emerger algunas otras características que pudieran ayudar a las plantas. Evitan que crezcan hongos y bacterias en las raíces de ciertos cultivos, pero esos ciertos cultivos son en realidad pocos: frijoles, pepinos, tomates y espinacas. A menos de que una de esas cuatro plantas sea la que se quiere tratar con café, los esfuerzos probablemente sean inútiles.

Si las plantas son calabazas o soya, el café puede ayudar a la germinación de las semillas. Pero si son alfalfa, tréboles, geranio, helecho esparraguillo, o la ornamental y de bonito nombre «amor de hombre», resulta lo contrario: inhibe su crecimiento. Tal vez de ese efecto inhibidor venga el consejo de que sirve para controlar las malas hierbas, que, a pesar de todo, siguen siendo plantas.

Parece ser que la mayoría de los consejos sobre las plantas y el café derivan de poca o nula evidencia científica. Lo cual no es raro, porque los seres humanos tienden a dar consejos sobre cualquier cosa con poca o nula evidencia científica. Tomando eso en cuenta, los consejos del LIMS para el uso del café en plantas, son los siguientes:

• En la composta se puede añadir entre 10 y 20% de café para aumentar su calidad como sustrato nutricional. Más de estas cantidades puede tener efectos adversos, como matar demasiados microorganismos que son benéficos para las plantas.

• Tener en cuenta que el café molido y humedecido, es decir, el ya usado, tiene una textura muy compacta. Si se pone sobre la tierra de una planta, es una barrera para la humedad y el aire, lo cual no traerá buenas consecuencias.

Y tal vez el consejo más importante sea que si una planta se está amarillando, marchitando, entristeciendo, o cualquier otro problema, no hay que recurrir a ningún biólogo para solucionarlo.

¿POR QUÉ ALGUNAS PERSONAS SE PARECEN A SU PERRO?

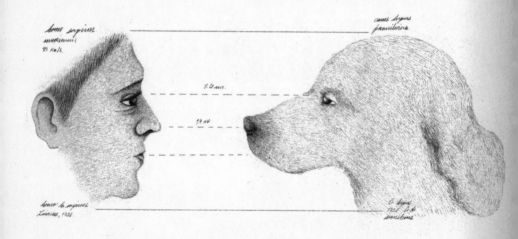

Nuestro detective de mascotas ha sido ridiculizado entre los activistas de animales por proponer como método para reunir a los perros perdidos con sus dueños, un reconocimiento facial que encuentre similitudes entre las caras de la mascota y su humano. Las burlas que se ganó siguen un patrón muy similar a los de otras mofas: no tienen fundamento alguno en investigaciones serias ni medianamente serias ni de ningún otro género.

Lo que sí tiene fundamento es que los perros se parecen a sus humanos; de hecho, es algo comprobado. O, más bien, se ha comprobado que muchas personas se parecen a su perro. La confirmación ha sido simple y repetida en varias ocasiones: se muestran fotografías de personas y de perros por separado, y se le pide a gente que forme pares que, según ellos, sin más pistas, son perros y humanos que viven juntos. Con bastante precisión, se parean correctamente a los humanos y los perros que comparten la vida.

Si bien es fácil creer que el parecido se encuentra en el largo del cabello, lo redondo de la cara u otros rasgos superficiales, parece ser que el símil es mucho más profundo: tanto como una mirada. El rasgo que define este reconocimiento son los ojos, pues cuando en las fotos se tapan los ojos en perros y en personas, hacer los pares resulta más difícil.

Otro hecho comprobado es que las personas se parecen a sus coches (aunque solo de frente, no de lado; por ejemplo, una persona con quijada cuadrada y un automóvil de defensa tosca), lo cual lleva a que los perros de las personas se parezcan a los coches de las personas. La explicación a todos estos parecidos no es del todo clara, pero se cree que se asocia con nuestro gusto por lo familiar.

¿Por qué los *remakes* de películas son tan taquilleros? ¿Por qué el concepto *oldies but goodies* atrae a gente a fiestas y estaciones de radio? No tiene tanto que ver con que esas *oldies* realmente sean *goodies*, sino con que son, simplemente, *oldies*: viejas conocidas. Tenemos una tendencia que nos atrae hacia lo familiar. Y qué hay más familiar que nuestras propias caras.

Esta tendencia, que se conoce como el *efecto de mera exposición*, es lo que probablemente esté detrás de que la gente elija perros y coches que se parecen a sí. Y que prefieran a los hijos que más se les parecen. Y que los videojuegos basados en películas sean más populares. Y un sinfín de cosas más que explican nuestros gustos. Parece que este efecto ocurre porque nos acostumbramos a las cosas a las que estamos más expuestos; por lo tanto, brindan confianza y resultan más atractivas que las nuevas, que pueden causar un poco de miedo.

Miedo es lo que probablemente sintieron los activistas de animales al escuchar la propuesta de nuestro detective de mascotas. No solamente por ser una propuesta nueva a la que no estaban acostumbrados, sino porque muchos de esos activistas comparten sus vidas con pugs, chihuahueños y xoloescuincles, razas con las que probablemente no quieran encontrarse parecido.

¿QUÉ RELACIÓN TIENE EL CALOR CON LA INCOMPETENCIA LABORAL?

Esta sugerencia va para toda persona que tenga en sus manos la posibilidad de ofrecer menos horas de trabajo: es mejor trabajar menos, sobre todo en los días de calor. Se trata de una práctica común ejercida por el LIMS que, aunque no nos ha dado más productividad, tampoco ha reducido la que tenemos. Esto último es lo más importante.

Entre los 21 y 25 grados Celsius, todo mundo se siente cómodo (con sus pequeñas variaciones y preferencias personales) y en esa comodidad, todo mundo trabaja más o menos bien (también con sus pequeñas variaciones personales). Pero si los números en el termómetro comienzan a subir, particularmente arriba de los 27 °C, la productividad declina 3% por cada grado de incremento en la temperatura. Puede parecer una cifra pequeña, pero si se piensa en todas esas plantas manufactureras de, por ejemplo, India, en donde las temperaturas llegan por arriba de los 35 °C, y donde su economía depende en gran parte de dicha producción, los problemas por el calor pueden tener consecuencias significativas en la economía.

La falta de productividad se debe al estrés causado por el calor: lo que sucede cuando el cuerpo sale de un rango de temperatura saludable porque no se puede enfriar por sí solo. Esto, obviamente, pasa cuando hace mucho calor. El estrés por calor puede ocasionar cansancio extremo, aletargamiento y somnolencia, pues el cuerpo está invirtiendo mucha energía en enfriarse. ¿Cómo lo consigue? Produciendo más sudor, que al evaporarse se lleva un poco del calor; también, dilatando los vasos sanguíneos, que provocan que haya más sangre cerca de la superficie de la piel y así se enfríe. Sin embargo, todo esto requiere trabajo, sobre todo del ritmo cardiaco y metabólico. Así que el trabajo que el cuerpo está invirtiendo para no sobrecalentarse lo resta de otras cosas (a lo que comúnmente llamaríamos «trabajo» o «la chamba»).

Si a eso se le suma deshidratación por el aumento de sudoración, el estrés por calor puede ocasionar dolor de cabeza, mareos y desmayos. Ninguna de estas cosas es recomendable en ningún tipo de trabajo.

Como consecuencia, las evidencias previamente mencionadas han llevado a que en el LIMS se instaure una política estricta en los días calurosos. Su objetivo es reducir la baja productividad: simplemente no se viene a trabajar; así, la productividad no cuenta… pues si no se está trabajando, no se puede ser ni menos ni más productivo. Simplemente se es otra cosa.

PARTE 4:

EVOLUCIÓN

¿POR QUÉ SE EXTINGUIERON LOS DINOSAURIOS?

Dinosauria anmalici archosauromorpha archosaurus 1842

La verdad es que los dinosaurios no se extinguieron. O al menos no todos. De hecho, es muy probable que cualquier persona leyendo esto haya tenido al menos una interacción con un dinosaurio... o con una parte de alguno.

Varios dinosaurios integrantes de un grupo particular (el mismo al cual pertenecen el tiranosaurio y el velociraptor) sobrevivieron a la extinción masiva que ocurrió hace 66 millones de años en la Tierra. Esos sobrevivientes hoy en día nos proporcionan huevos para el desayuno y plumas para rellenar edredones. Las aves son dinosaurios; por lo tanto, estos no se extinguieron totalmente. A los que se extinguieron se les conoce con el largo y poco atractivo nombre de dinosaurios no aviales (aunque muchos aviales también perecieron en ese momento). La causa de su extinción es un misterio y probablemente lo sea para siempre. Aunque tenemos algunas pistas.

Además de muchos dinosaurios, en la extinción del Cretácico se esfumó otra gran cantidad de especies: 75% de la biodiversidad que existía desapareció para siempre del planeta, desde diversos tipos de plancton, hasta reptiles marinos de varias toneladas. Es probable que un objeto extraterrestre haya traído la debacle, ¿o no?

Por todo el planeta, tanto en la tierra como en el mar, hay una capa de roca rica en el metal iridio. Esto sería completamente normal si la Tierra fuera un asteroide, pero no lo es. Los meteoritos o asteroides son ricos en iridio, tan ricos como la capa de roca que hay en este planeta. La fecha en que ese cinturón de iridio se formó coincide con la extinción masiva de la que estamos hablando y, con base en esa evidencia, en 1980 se propuso la hipótesis de que el impacto de objetos del espacio exterior había causado el desastre.

Once años después de que se propuso la hipótesis, se encontró un cráter de 180 kilómetros de ancho en Chicxulub, en la península de Yucatán, cuyo origen también data de hace 66 millones de años. Estas coincidencias llevaron a pensar que la extinción masiva de ese periodo ocurrió por el impacto de un gran meteorito que, al pulverizarse y levantar una enorme cantidad de polvo, nubló el sol, desatando un súbito invierno que trajo un desastre ecológico y, con ello, la extinción de la mayoría de las especies.

Pero como en la ciencia no se trata de encontrar verdades inamovibles, sino de ajustar ideas a lo que se pueda interpretar razonablemente de la evidencia disponible, la hipótesis de que ese meteorito provocó la extinción está puesta en duda, pues en cierto sentido, la Tierra sí es un asteroide y el iridio no necesariamente tuvo que haber venido del espacio.

La composición del núcleo de nuestro planeta se parece mucho a la de un meteorito rico en iridio. En la corteza terrestre no tenemos mucho de este metal, pero de vez en cuando sale explosivamente a través de erupciones volcánicas. Hace 66 millones de años, un montón de volcanes comenzaron a hacer erupción de manera colosal durante 30000 años, tanto así que lograron cubrir 2.6 millones de kilómetros cuadrados de lo que hoy es India, con una capa de 2.4 kilómetros de grosor. Es decir, sí que hicieron erupción.

Semejante fenómeno podría ser responsable de la capa de iridio y de la extinción masiva, pues habría liberado una gran cantidad de gases volcánicos, como el dióxido de azufre, alterando el clima. Las consecuencias son parecidas a las de la hipótesis del meteorito: un prolongado e inesperado invierno seguido de una catástrofe ecológica.

Una de las principales diferencias entre ambas hipótesis es que la de los volcanes postula un largo proceso de cientos de miles de años en el que las especies van disminuyendo gradualmente hasta extinguirse. La hipótesis del meteorito, aunque no supone que todas las especies hayan caído muertas el mismo día, sí asume que llegaron a su fin más o menos súbitamente (en decenas de miles de años, un pestañeo geológico). Hay evidencia que favorece ambas ideas.

Otro hecho problemático es que en las cuatro extinciones masivas previas (así es, la vida ha llegado casi a su fin al menos cinco veces) las causas han sido erupciones volcánicas masivas. Más aún, varios meteoritos de gran tamaño han impactado la Tierra y ninguno ha causado extinciones tan grandes. Quienes están a favor de la súbita catástrofe extraterrestre argumentan que el meteorito de Chicxulub fue uno muy especial, pues además de gigantesco, aterrizó en aguas someras, donde levantó muchísima roca y vapor. Si hubiera caído unos minutos después, en aguas más profundas, los dinosaurios no aviales tal vez continuarían por aquí.

Se cree que los dinosaurios aviales que sobrevivieron a la extinción masiva, es decir, los pájaros, lo lograron gracias a sus complejos cerebros y su tamaño corporal de menos de un kilo. Ambas características les permitieron adaptarse mejor a los cambios.

Debido a que no tenemos una máquina del tiempo, y lo más probable es que nunca la tengamos, el por qué los dinosaurios se extinguieron es una de las preguntas más difíciles de responder para la paleontología. Podemos encontrar mucha evidencia que apoye que tanto el meteorito como los volcanes tuvieron un efecto en la biodiversidad, pero estar 100% seguros de cuál fue la causa es casi imposible. Aunque, si sirve de consuelo, en la ciencia es difícil estar 100% seguros de cualquier cosa. Con frecuencia la evidencia y las hipótesis nos traen más preguntas que certezas.

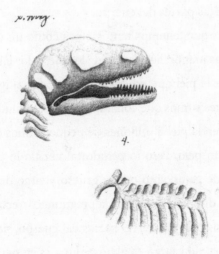

¿POR QUÉ SOLO TENEMOS PELO EN CIERTAS PARTES DEL CUERPO?

Sabemos que «calor, sudor y sexo» serían un excelente título para una película pornográfica. Lo aprendimos gracias a que, cuando solicitamos apoyo económico para un documental medianamente serio sobre evolución humana cuyo título era precisamente «calor, sudor y sexo», solamente hubo una casa productora dispuesta a darnos el presupuesto, con la condición de que cambiáramos el guion a uno XXX. Sin embargo, no tenemos interés alguno en incursionar en esa industria, así que no pudimos hacer el documental. Pero con la información recabada podemos responder a la pregunta de por qué los humanos tenemos pelo solo en ciertas partes del cuerpo.

La realidad es que tenemos tantos pelos como un chimpancé. Las palmas de las manos, las plantas de los pies y los labios son las únicas partes de la piel que no cuentan con pelo, al igual que en nuestros parientes simios que consideramos más peludos. Ambas especies tienen en la piel 5 millones de pequeñísimos orificios de los cuales sale un pelo. Pero lo peludo tal vez no lo percibamos por el número de pelos, sino por lo grueso y largo de estos, que es donde está la diferencia. Así que la pregunta correcta no es por qué solo tenemos pelo en ciertas partes del cuerpo, sino por qué nos crece más grueso y largo en algunos lugares en particular.

Hace varios millones de años, nuestros ancestros vivían en una especie de paraíso. Su vida consistía en una suerte de picnic constante, bajo la sombra de las copas de árboles boscosos. El picnic se componía sobre todo de frutas, raíces y semillas, en una dieta estrictamente vegana. Y luego, por alguna razón que seguramente achacaron a fuerzas sobrenaturales, pero que tiene explicación en el cambio de las condiciones climáticas, sus bosques se transformaron en praderas. Y eso les arruinó el picnic.

En estas grandes praderas el sol pegaba muy duro y la comida se volvió menos accesible. Los ancestros se volvieron carnívoros, y la comida, literalmente, ya no crecía en los árboles, sino que había que perseguirla. La combinación de estos cambios volvió sus vidas mucho más acaloradas tanto por la actividad física como por el clima.

Tener mucho pelo con tanto calor es poco útil, nada cómodo, e indeseable. Pero ninguno de esos calificativos es importante para la evolución, por lo tanto, tampoco importan para la explicación de por qué nos volvimos monos desnudos. El único calificativo que importa, evolutivamente hablando, es si alguna característica es adaptativa, o, en otras palabras, si contar con ella hace que tengamos más hijos. Tener vello corporal cada vez más delgado resultó ventajoso, pues logra que el calor se disipe del cuerpo con rapidez (a diferencia de estar superpeludo), lo que, sumado a la capacidad de sudar y así perder aún más calor, derivó en que fuera posible correr más rápido y, como consecuencia, alcanzar más comida durante la caza.

Al mismo tiempo que nos volvíamos pelones, nos volvíamos también las máquinas de sudor que seguimos siendo. Especialmente en ciertas partes particularmente olorosas del cuerpo.

Hay ciertas regiones del cuerpo más peludas y aromáticas que otras, que comienzan a tener estas características a partir de la pubertad: genitales y axilas. Después de cierta edad, tanto hombres como mujeres se llenan de pelos gruesos e hirsutos ahí, y comienzan a usar (o al menos, necesitar) desodorante. El olor proviene de unas glándulas sudoríparas especiales llamadas apocrinas, que se concentran sobre todo en axilas, ingles y alrededor de los pezones. La mezcla de dichas glándulas con la densidad pilosa de esas regiones hace que la esencia personal perdure por más tiempo y se disperse como si se tratara de un aromatizador cuya función, créase o no, es atraer a otras personas (pues en un nivel muy esencial, sí nos gusta cómo huelen algunas personas). La razón de que esas partes sigan con pelo parece ser su utilidad para desperdigar el olor personal y atraer parejas.

Otro fenómeno interesante es que, durante los cientos de miles de años en que ocurría el proceso de despeluchamiento corporal, la cabeza parecía llevar un proceso contrario y sumamente extraño: el cabello comenzó a crecer y crecer. Los humanos somos los animales con los pelos más largos que han existido.

El hecho de que los ancestros humanos de hace casi 2 millones de años ya fueran bípedos hizo posible que la pérdida de pelo corporal fuera exitosa y, simultáneamente, que ganáramos nuestras largas cabelleras y pudiéramos cazar a pleno rayo de sol. Si todo fuera tan fácil como volverse medio pelón para tener menos calor, probablemente habría más mamíferos sin pelo. Pero el pelo, aunque sí puede servir como adorno, tiene como una de sus principales funciones proteger la piel de la luz solar. Esto se comprueba diariamente por las personas que viven con gatos, los cuales pueden dormir horas bajo el sol sin sufrir quemaduras, pero que, por lo mismo, son cazadores nocturnos, como también lo son los leones, lobos y demás depredadores peludos (a los que les daría mucho calor cazar de día). La radiación solar en un animal que camina en dos patas impacta en menos superficie de piel que en uno que camina en cuatro, pues prácticamente en ningún lugar del cuerpo da el sol directamente. Excepto, claro, en la cabeza , y por eso ahí conservamos el pelo.

Al mismo tiempo que comenzábamos a caminar en dos patas, la piel oscura comenzó a ser más frecuente (antes de eso, debajo de los pelos, la piel era pálida), lo cual facilitó que nos fuéramos pelando. Los primeros *Homo sapiens* tuvieron la tez oscura (este tono de piel protege mejor de los rayos del sol); la piel clara en nuestra especie evolucionó más tarde, cuando al migrar a latitudes donde los rayos del sol pegaban con debilidad, no se producía suficiente vitamina D, lo que hizo que las variantes claras resultaran ser más ventajosas que las oscuras.

Como vemos, el calor, el sudor y el sexo explican gran parte de la evolución de nuestra especie y su cabello. En el LIMS esta historia nos causa bastante emoción, casi proporcionalmente similar al inverso de la que le causa a la industria cinematográfica.

¿HUBO SEXO ENTRE HUMANOS Y NEANDERTALES?

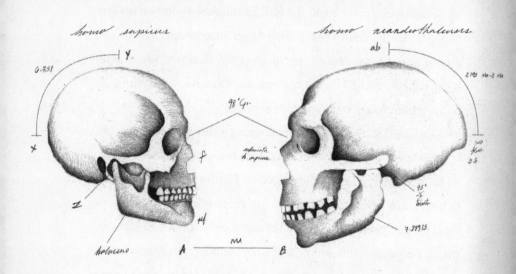

H ace mucho, mucho tiempo (aunque desde una perspectiva evolutiva, no tanto) los seres humanos de la especie *Homo sapiens* compartimos el planeta con otras especies homínidas. Con una en particular, *Homo neanderthalensis*, nos encontramos hace aproximadamente 60 000 años y empezamos a compartir el mismo espacio en lo que hoy es Asia y Europa, y, a veces, compartimos mucho más que el territorio.

Cuando decimos «mucho más» nos referimos a que hubo intercambio de gametos. Es decir, de óvulos y de espermatozoides. En otras palabras, hubo sexo entre humanos y neandertales.

Sabemos que esto ocurrió porque entre humanos y neandertales no solo hubo relaciones sexuales, sino que hubo muchas (digamos que continua y frecuentemente durante 30 000 años) y, además, nacieron hijos producto de estas uniones. En esos hijos híbridos se mezcló el genoma de ambas especies, y después de la extinción de los neandertales, su ADN se fue diluyendo dentro del ADN del *Homo sapiens*, pero no por completo.

Actualmente, cualquier persona no africana tiene en promedio 2% de ADN neandertal, y si es una persona del este asiático, este porcentaje asciende hasta 20%. Eso quiere decir que la mayoría de la gente hoy en día tiene alguna ancestría neandertal. Si cargamos con los genes, de alguna forma somos producto de dichos encuentros sexuales interespecie.

Esa herencia nos ha dejado algunas ventajas y otras desventajas. Por el lado positivo, algunos de los genes neandertales aumentaron la inmunidad en humanos, ofreciendo resistencia a ciertos

patógenos asiáticos y europeos a los que no estaba acostumbra-
da nuestra especie al salir de su lugar de origen: África. Sin embargo, esos mismos genes también facilitaron que cosas inofen-
sivas, como el polen y el pasto, activaran el sistema inmune; por
ende, son actualmente responsables de las alergias que algunos
de nosotros padecemos.

Otra parte del legado neandertal negativo en el genoma humano es la predisposición a algunas condiciones médicas, por ejemplo, a la depresión, el lupus, la diabetes tipo 2, la sensibilidad de la
piel al sol, el metabolismo lento y mucha coagulación sanguínea
(lo cual conduce a derrames cerebrales), entre otros.

Los neandertales y otros parientes muy cercanos a nuestra especie se extinguieron hace miles de años. Actualmente, la especie
(aún viva) más emparentada con los humanos es el chimpancé.
Difícilmente a alguien se le ocurriría reproducirse con alguno,
además de que biológicamente es imposible. Sin embargo, en el
pasado tuvimos mejor compañía. Y cuando decimos «mejor»
nos referimos, de nuevo, a ya saben qué.

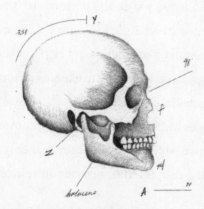

¿POR QUÉ SE PONE LA PIEL CHINITA?

En una de las pocas vacaciones que tomamos en el LIMS, una desesperada bañista se nos acercó (arruinando un poco nuestro descanso). Estaba desesperada, pues su piel se había puesto «chinita» y no entendía por qué.

El *look* de pollo es algo que definitivamente quería evitar, sobre todo al estar en la playa, donde la piel de gallina llegaba sin avisar y con más frecuencia. Al salir del agua y con una ligera brisa parece inevitable que la piel se erice y muestre una apariencia como de pájaro recién desplumado, considerado 0% sexy por la mayoría de las personas, entre ellas la mujer en cuestión que buscaba respuestas.

La piel chinita, llamada por gente seria «piloerección», es la elevación de la piel causada por la contracción de músculos muy pequeños que están agarrados a cada vello corporal. En animales realmente peludos, es decir casi todos los mamíferos, los pelos parados, resultado de este fenómeno, hacen que la capa de aire que hay entre cabellos se expanda, lo cual aumenta el resguardo de calor corporal.

Estos músculos también se contraen como respuesta a situaciones amenazantes donde sienten miedo, pues, de nuevo, en animales realmente peludos, los pelos erizados dan una apariencia de mayor tamaño. En humanos, la piloerección, ya sea por frío o por emociones, es completamente inútil.

La piel chinita y los escalofríos son un relicto evolutivo que heredamos de ancestros más peludos que nosotros, a los que los pelos parados sí les resultaba provechoso. Esto quiere decir que hemos perdido la función de tal rasgo, pero que todavía conservamos algunas de las estructuras para producirlo.

La evolución no funciona conservando lo que se usa y desechando lo que no, sino que para que un rasgo se vaya completamente, deben aparecer individuos que no lo tengan y heredar el rasgo a sus hijos a través de muchas generaciones; si esas variantes no aparecen o si no tienen tantos hijos, entonces el rasgo inútil seguirá existiendo.

Por tanto, ni la bañista ni nadie puede hacer mucho para evitar la piel de gallina, pues es una reacción fuera del control de nuestra voluntad. Tal vez lo único medianamente útil sea dejar de llamarla «de gallina», pues de quienes la heredamos no tenían plumas, sino muchos pelos.

¿VENIMOS DE LOS MONOS?

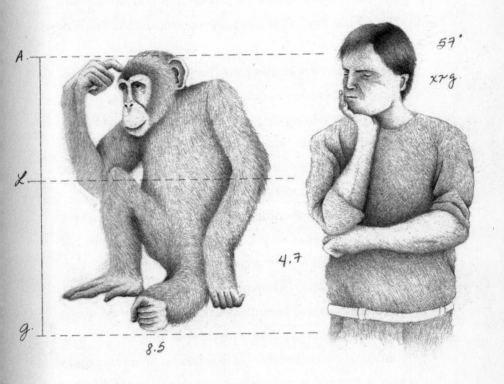

A

L

g

8.5

4.7

57°

xrg

De cierta forma sí, y de cierta forma no.

Iniciemos con la negativa. No venimos de ninguna especie de mono o chango contemporánea.

Tenemos ancestros en común con las especies que viven actualmente, es decir, que hace millones de años (cuántos millones de años depende de la especie) nuestros caminos se separaron a partir de un mismo ancestro: por un lado continuó evolucionando el grupo que llevó a los humanos y, por otro, cada grupo de cada especie.

Esa bifurcación de caminos entre chimpancés y humanos ocurrió hace aproximadamente 6 millones de años y, durante todo ese tiempo, la rama evolutiva de los chimpancés ha evolucionado tanto como la nuestra. No es que los chimpancés, ni ningún otro gran simio (gorilas y orangutanes), se hayan quedado congelados en el tiempo mientras los humanos continuábamos cambiando.

Si retrocedemos más encontraremos que hace cerca de 65 millones de años vivieron los ancestros de todos los primates, que es el nombre oficial de lo que comúnmente llamamos monos o changos. Por lo tanto, es imposible que descendamos de algún mono contemporáneo, pues todos han llevado caminos que se han separado del nuestro desde esos tiempos remotos.

Es difícil saber exactamente cómo se veía ese mono ancestral y también es muy complicado señalar, entre las especies fósiles que hemos encontrado, cuál es el mono ancestral (si es que alguno lo es, pues cabe la posibilidad de que no tengamos fósiles de esta especie). Sin embargo, por las características que compartimos todos los primates, incluidos los fósiles, podemos deducir algunas de las características que el ancestro seguramente tuvo. Y gracias a ello sabemos que era, o al menos se parecía muchísimo, a lo que actualmente llamaríamos un mono.

Lo cual nos lleva a la respuesta positiva: sí venimos de un mono, pero de un mono muy, muy antiguo.

Este mono ancestral tenía ojos grandes al frente del rostro que le permitían tener visión binocular y agudeza visual. Sus manos tenían dedos largos y con ellas podía agarrar objetos hábilmente. Su historia de vida era de cierta forma lenta en comparación con la de otros mamíferos, pues el tiempo de gestación era largo, con un periodo de dependencia en la infancia también muy largo; tenía uno o dos hijos en cada camada y durante toda su vida solo se reproducía en pocas ocasiones, dando como resultado pocos hijos en total.

Esta caracterización bien pudo haber sido elaborada por cada uno de nosotros al estar frente al espejo, lo cual apoya tanto la respuesta positiva como la negativa de la pregunta: sí venimos de los monos y por eso compartimos tantas características con los changos actuales (que, como nosotros, vienen de los monos). Pero al mismo tiempo no venimos de los monos, sino que seguimos siendo uno más de ellos.

¿PARA QUÉ SIRVE EL APÉNDICE?

Nuestra más antaña investigadora medianamente seria cuenta con orgullo y con mucha frecuencia una de sus primeras investigaciones. Todo empezó la vez que no le creyó del todo al doctor cuando le respondió que el apéndice que le acababa de remover en una cirugía no servía para nada. Sus dudas sobre tal respuesta aumentaron cuando, al preguntarle sobre la evidencia, le dijo que es algo «que se sabe». Ella, como todo el LIMS, sabe que «lo que se sabe» es una salida poco satisfactoria y nulamente científica.

Durante mucho tiempo se pensó que el apéndice servía únicamente para poner en riesgo la vida de las personas al explotar por dentro de las entrañas. La apendicitis consiste en una infección de este pequeño órgano en forma de cilindro que sale como un apéndice (de ahí su nombre) de la primera porción del intestino grueso, llamado ciego. Por su forma, es probable que lo que entra en el apéndice no salga jamás; de ahí su propensión a infectarse.

Hace muchos años, el padre de la teoría de la evolución, Darwin, propuso la idea de que el apéndice es una estructura vestigial: un órgano que en el pasado evolutivo sirvió de algo a nuestros ancestros, pero que actualmente no tiene ninguna función. Los órganos vestigiales siguen ahí porque no ha ocurrido ninguna mutación o variante que los haga desaparecer. Según Darwin, nuestros ancestros que se alimentaban principalmente de hojas con alto contenido en celulosa, requerían la ayuda de bacterias para digerir tanta cantidad de fibra. Esas bacterias se alojaban en el ciego, una parte del intestino que en humanos es muy pequeña, pero que en otras especies con dietas altas en celulosa, como los caballos y los conejos, es bastante grande.

En algún momento en el pasado, nuestros ancestros cambiaron a una dieta con menor contenido de hojas y mayor contenido de frutas. Esta modificación «liberó» al ciego de su función y, por lo tanto, los cambios que le ocurrieran a este no habrían sido problema para nuestros ancestros. Según Darwin, el ciego comenzó a encogerse y plegarse, y uno de estos pliegues es el apéndice. Esta historia ha sido contada y recontada, e incluso se utiliza en libros de texto como ejemplo de una estructura vestigial: algo que en el pasado evolutivo tuvo una función, pero que en el presente es básicamente inútil.

En la actualidad, la hipótesis está en duda, ya que se descubrió que los humanos no somos los únicos mamíferos con apéndice: hay al menos otras 50 especies (tan distintas y variadas como el ornitorrinco y el orangután) que poseen un pliegue que sale del intestino, es decir, un apéndice. Estos apéndices han aparecido independientemente varias veces, es decir, que no fueron heredados de un mismo ancestro, sino que en cada una de esas apariciones el apéndice evolucionó solito, lo cual indica que pudieran ser adaptaciones; es como si se hubiera encontrado la misma solución para el mismo problema varias veces sin ser copiada. La cuestión es encontrar cuál es ese problema para el que el apéndice parece ser la solución, y para eso hay otras pistas.

Se sabe que el apéndice está formado por un tipo especial de tejido linfático que promueve el crecimiento de bacterias benéficas para el intestino y que podría jugar un papel en la respuesta inmune, especialmente en bebés y niños.

Así que, a la luz de estos datos, la nueva hipótesis sobre el apéndice lo considera como una «casa de seguridad» para bacterias intestinales benéficas, a donde irían a refugiarse si ocurriera una infección de bacterias dañinas, solo para salir una vez que la infección haya pasado y poder poblar de nuevo al intestino.

Sin embargo, la historia evolutiva del apéndice humano todavía no está del todo esclarecida: los datos no resuelven completamente la duda de si en humanos esta función inmunológica es imprescindible o si el apéndice está en camino a ser un órgano vestigial. En lo que se recaba más evidencia, nuestra más antaña investigadora medianamente seria sugiere a todo el personal médico dejar de mencionar que el apéndice no sirve para nada.

¿POR QUÉ OCURRE EL HIPO?

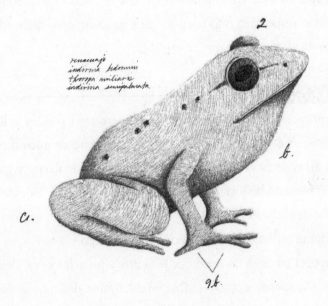

renacuajo
indivina tedormin
throsspo miliare
indivina semijalvata.

2

b.

a.

g.b.

Toda pregunta sobre el mundo vivo que inicia con un «por qué» puede tener dos tipos de explicaciones:

LAS PRIMERAS:

Son explicaciones de lo que está sucediendo ahora; es decir, de las tuercas, los tornillos, los enchufes y los engranes que hacen que algo funcione en el momento presente (aunque tuercas, tornillos, enchufes y engranes en el mundo vivo son llamados moléculas, células, huesos u otros elementos pertinentes). Estas explicaciones en realidad responden más a un «cómo» que a un «por qué» está ocurriendo cierto fenómeno.

LAS SEGUNDAS:

Son explicaciones que responden de manera más precisa a los «porqués»; es decir, los procesos que durante muchos años moldearon a los seres vivos en ciertos contextos particulares, y que explican la razón histórica de que estos sean como son. La escala temporal de dichas explicaciones no es el ahora, sino lo que ocurrió durante millones de años hace mucho tiempo.

El hipo, al ser un fenómeno que le ocurre a los seres vivos, tiene ambas explicaciones, y como el LIMS no discrimina, daremos las dos.

LA PRIMERA EXPLICACIÓN

En la primera, la de las tuercas y los tornillos fisiológicos, el hipo es una confusión mental.

Se trata de rápidas e incómodas contracciones involuntarias del diafragma que ocurren cuando el nervio vago, un nervio que conecta al cerebro con muchos órganos, se confunde en su conexión con el estómago. La confusión, que puede derivar de un exceso, ya sea de alcohol, de comida, de emociones, de chicle y de un largo etcétera, provoca que los músculos del abdomen se contraigan, ocasionando la inhalación de súbitas ráfagas de aire. De modo que la laringe (el conducto por el cual el aire pasa hacia los pulmones) se cierra y produce el sonido de «hip», así como el molesto movimiento del pecho.

Algunos remedios caseros funcionan gracias a que ofrecen una salida o distracción de la confusión. Una cucharada de azúcar es demasiada información para el nervio vago, que ante la repentina entrada de tal cantidad de glucosa se enfoca en ella y deja de prestar atención al diafragma, calmando el hipo. Algo similar ocurre con los sustos y con aguantar la respiración, situaciones que el cuerpo lee como peligrosas; por lo tanto, se encamina a hacer algo al respecto. Como obviamente el hipo no es interpretado de alto riesgo, pasa a segundo plano.

LA SEGUNDA EXPLICACIÓN

En la segunda explicación, la que realmente responde al por qué, el hipo es un recordatorio evolutivo de que hace millones de años tuvimos un ancestro anfibio.

Muchos anfibios, como las ranas, pasan las primeras etapas de su vida siendo acuáticos y respiran dentro del agua a través de agallas. Cuando se vuelven adultos respiran del aire a través de pulmones, lo cual les permite vivir terrestremente. Como para todo ser vivo, el paso de la juventud a la adultez es muy complicado para los anfibios: en cierto punto tienen tanto agallas como pulmones, y esto les embrolla por momentos la respiración, ya que el oxígeno puede entrar por dos lugares que no son compatibles con los dos medios en los que viven; es decir, que al estar dentro del agua y tener pulmones, podrían ahogarse si dejaran que el agua entrara a ellos al respirar.

La solución: cuando respiran dentro del agua, la laringe se cierra para que esta no pase a los pulmones, entonces el diafragma tiene un pequeño espasmo que empuja hacia fuera el líquido a través de las agallas y así poder respirar.

Este movimiento es tremendamente similar al que actualmente le pasa a cualquier persona con hipo. No es de sorprender, dado que tenemos los mismos elementos corporales que los renacuajos adolescentes: pulmones, laringe, diafragma y el circuito cerebral que controla la ventilación de agallas, a pesar de que estas ya no las tengamos.

En nuestro cuerpo cargamos con muchas cosas que hoy día no tienen ninguna función, pero que se han quedado ahí, pues la evolución no se deshace de características por el hecho de que no sean usadas. De esta forma, el cuerpo de cualquier especie puede verse como un museo evolutivo, lleno de reliquias o rastros que informan del pasado.

Retomando ambas explicaciones, el LIMS concluye que lo que causa el hipo es nuestro abuelo pez borracho que vive, de cierta forma, aún dentro de nosotros.

¿POR QUÉ LOS BEBÉS SON TAN INÚTILES?

Es un hecho bien sabido que los cachorros humanos son de los ejemplares más inútiles en todo el universo conocido, y que además lo son durante varios años. Un bebé gato a los 15 días de vida acude por sí solo a la caja de arena; una gacela nace y se pone de pie lista para correr de inmediato; una tortuga eclosiona del huevo y avanza hacia el mar sin ninguna ayuda paterna. En cambio, un humano tarda en desplazarse por sí solo hasta dos años, y son muchos más los que le toma valerse por sí mismo.

Paradójicamente, los humanos adultos poseen habilidades cognitivas suficientes como para hacer cálculos matemáticos que ponen cohetes en el espacio, escribir poemas épicos que estremecen durante siglos, o cuidar de los hijos. Se necesita de una gran inteligencia para hacerse cargo de críos tan desvalidos. Pero parece ser que gracias a esa incompetencia infantil es que evolucionó, en parte, la inteligencia de la especie humana.

En los albores de la humanidad, el hecho de que nacieran bebés tan incapaces fomentó que los progenitores exitosos fueran aquellos más inteligentes que pudieran ofrecer un mejor cuidado parental. Pero a mayor inteligencia, es necesaria más masa encefálica, es decir, cerebros de mayor tamaño. Aplica tanto para adultos como para bebés, por lo que los progenitores más exitosos comenzaron a heredar a sus hijos un ligero problema: cabezas cada vez más grandes.

El problema, en realidad, es solo para las madres y es únicamente en el momento del parto. Sin embargo, ese momento es básicamente crucial, ya que de él depende la vida tanto de la madre como del hijo y, por tanto, que sigan existiendo seres humanos. La solución fisiológica que evolucionó es que los bebés nacieran con un cerebro poco desarrollado respecto de su máxima capacidad, pequeño en comparación con lo que tendría que crecer (de hecho, sigue creciendo hasta la adolescencia). Por lo tanto, para llegar a tener las habilidades mínimas para ser independiente, tienen que pasar varios años de crecimiento cerebral: cuánto tiempo depende de cada individuo, pues si bien se considera que a los 10 años un niño podría valerse por sí mismo, sabemos que hay gente de 35 de la cual difícilmente se podría decir lo anterior. Lo cual nos lleva al primer punto: se requieren progenitores más inteligentes para cuidar a estas crías en desarrollo.

El ciclo es claro: bebés inútiles requieren adultos inteligentes, que a su vez producen hijos más inútiles que a su vez requieren de adultos más inteligentes. Este tipo de procesos que se retroalimentan promueven que evolutivamente emerjan rasgos exagerados, como podría considerarse la inteligencia humana, cuyas capacidades sobrepasan las necesarias para la reproducción y sobrevivencia. Esto explica otro hecho bien sabido sobre esta especie: su inevitable necedad en la creación de cosas inútiles, como cohetes que se lanzan al espacio.

PARTE 5:

DOS DE PILÓN

¿QUÉ ES EL EFECTO PLACEBO?

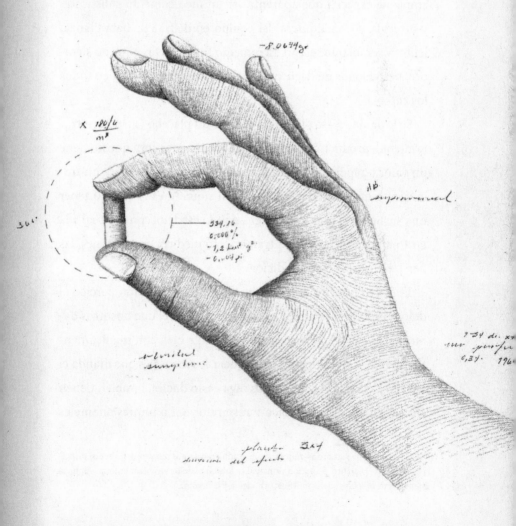

Hay veces que, en las oficinas del LIMS, a la gente le duele la cabeza. Como en cualquier oficina, como a cualquier cabeza. Pero a diferencia de casi cualquier oficina y casi cualquier remedio, nosotros optamos por ofrecer a los afectados una cápsula bicolor sin nada en su interior, pero eso sí, sacada de un empaque especial que aparenta ser un medicamento sofisticado y ofrecida por cualquiera del equipo en disfraz de bata blanca, lentes y semblante sereno. El remedio funciona (aunque no siempre, pero hemos de decir que ni el ibuprofeno funciona en todos los casos).

Se le llama efecto placebo a cuando un placebo (sustancia, tratamiento, producto, o prácticamente cualquier cosa que no tiene un valor terapéutico intencional) funciona como si fuera un tratamiento efectivo. Hay veces que ni siquiera es necesario tener una sustancia o un producto en sentido estricto: con el ritual y la faramalla de estar bajo un tratamiento médico, en ocasiones, las personas mejoran su condición.

El efecto placebo es buenísimo en modificar cómo percibe el dolor el cerebro, por ello, los placebos (como el que nosotros damos en el LIMS) compiten especialmente bien con medicamentos opioides,* que además de bloquear los mensajes que manda el cuerpo para que el cerebro nos diga «esto duele», también tienen efectos en el ritmo cardiaco y respiratorio. Lo impresionante es

---

* Los opioides son sustancias químicas que se adhieren a unos receptores ubicados principalmente en el cerebro. Su acción principal es inhibir el dolor y generar euforia. Algunos ejemplos de opioides son la morfina, la codeína y la heroína.

que los placebos también tienen estos efectos: se ha observado que pueden disminuir estos dos ritmos.

«Todo está en el poder de la mente», dirán algunos. Lamentablemente no es así. En el efecto placebo no está, por ejemplo, la cura para el cáncer. Tampoco hará que disminuya el colesterol. Ni siquiera eliminará una infección. En términos generales, el efecto placebo actúa sobre los síntomas que fabrica el cerebro, como el dolor, el cansancio, las náuseas, la desesperación o la ansiedad, que en conjunto casi siempre es lo que llamamos «sentirse mal». Eliminar ese malestar es, como su nombre lo indica, una parte importante de «sentirse bien».

Todavía no se sabe exactamente qué pasa en el cerebro para producir el efecto placebo, pero va más allá de pensamientos positivos o deseos de mejorar. Se cree que se asocia con las expectativas (conscientes o inconscientes) que elaboramos basadas en las experiencias previas. Por ejemplo, que acudir al médico o recibir una cápsula bicolor han traído bienestar en el pasado. Esto provoca una serie de reacciones en el cerebro donde se liberan neurotransmisores que nos hacen sentir bien (como la endorfina y la dopamina) y se activen ciertas zonas relacionadas con las emociones y la autoconsciencia, que en conjunto tienen efectos terapéuticos en el cuerpo.

Por ello, para que el efecto placebo aparezca no es necesario hacer una farsa como la que hacemos en el LIMS (confesamos que nos gusta la teatralidad). Es suficiente con todo el ritual y el ambiente que rodean a los tratamientos, lo cual varía entre culturas y creencias. El efecto placebo en muchos casos es una parte importante de las terapias, ya sean con medicamentos o incluso con rezos, mejorando los resultados terapéuticos (con sus límites, como ya mencionamos).

Por lo tanto, la recomendación del LIMS para la medicina es que, sabiendo que todo el contexto en que ocurre un tratamiento es importante para su éxito (o al menos, suma a favor de que el éxito ocurra), se le dé la importancia suficiente a las distintas interacciones que se suscitan entre el paciente, el entorno y los doctores. Por ejemplo, que los médicos escuchen con atención y expliquen con diligencia; que exista un seguimiento cercano de los pacientes; que el ambiente físico, ya sea un consultorio, una sala de espera o una cabaña de masaje, sea acogedor y brinde confianza. Esto hará que los ingredientes activos funcionen como deben de funcionar, con una ayudadita extra de placebo.

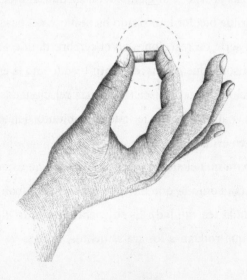

¿POR QUÉ LA ROPA MOJADA CAMBIA DE COLOR?

El departamento de óptica aplicada, decidido a contribuir con algo que verdaderamente beneficiara a la sociedad, se propuso entender por qué las axilas sudorosas podían percibirse no solo con el tacto y el olfato, sino por el mero hecho de ser vistas, y cómo evitar esta penosa situación.

La razón de que este fenómeno ocurra yace en la luz y la manera en que viaja y se refleja en distintos medios y superficies. Nuestros ojos perciben los colores de los objetos por la luz que rebota en ellos. Mientras más luz reflejen, las cosas se ven más brillantes. Cuando una tela se moja, la luz rebota de diferente modo que si la tela estuviera seca.

Al entrar a esa mancha sudorosa, la luz pasa de viajar en el aire a encontrarse en un medio acuoso. Cuando esto ocurre, los rayos de luz se doblan al salir del medio acuoso, es decir, al rebotar hacia nuestros ojos. Como están doblados, salen hacia distintas direcciones. Para nuestras retinas eso significa menos luz directa, que resulta en una percepción más oscura del color.

Es inevitable que una prenda mojada, ya sea por sudor o por cualquier cosa, se vea más opaca, pero para disminuir el efecto visual se puede usar ropa oscura. La clara refleja más la luz, por lo que el cambio de dirección de esta es más evidente y consigue que la mancha se perciba con mayor intensidad. En cambio, como los tonos oscuros reflejan menos luz, el efecto en la ropa húmeda no es tan obvio.

Aunado a ello, en telas cuyas fibras tienen mayor separación unas de otras, como el algodón, el agua penetra profundamente, y por lo tanto la luz entra más a fondo y se dobla más. En telas como el poliéster, donde las fibras no están tan separadas ni tienen mucha capacidad de absorción de líquidos, la luz no encuentra tanta agua con la cual rebotar y llega a nuestros ojos de regreso con casi la misma intensidad.

Aplicando los resultados de su investigación, los integrantes del departamento de óptica aplicada decidieron vestirse con camisas de poliéster negro para presentar sus conclusiones en un congreso; hablar de moda en tales eventos no suele tomarse ni como medianamente serio. Los nervios hacían lo propio en sus sobacos, pero su elección de tela les ayudó a disimularlo perfectamente. Nadie aplaudió ni hubo comentarios, pero ese día aumentaron las ventas de indumentarias oscuras de fibras sintéticas en esa localidad.

UNA SUERTE DE CIERRE

Nos es imposible comprobar la hipótesis de que el LIMS haya despertado gozo alguno tras su lectura debido a una tremenda falla metodológica, o en realidad, a la ausencia de esta: básicamente no tenemos ningún método de retroalimentación de tu parte, lector, y, por lo tanto, carecemos de resultado alguno. Estamos bastante apenados y reconocemos que este error no llega ni a lo medianamente serio. Recibe, por favor, una sincera disculpa.

Sin embargo, esperamos francamente que en la lectura del LIMS hayas encontrado hilos lo suficientemente divertidos y medianamente serios como para comenzar a tejer un entendimiento científico del mundo. Lo que hagas con el tejido resultante es responsabilidad tuya. Nuestra recomendación es que lo uses, sobre todo, para hacer comentarios domingueros durante sobremesas o para comenzar tus propias investigaciones medianamente serias.

Recibe así, lector, nuestros mejores deseos. Que este nuevo viaje sea tan fascinante para ti como lo ha sido para nosotros (o al menos lo suficiente como para que quieras seguir descubriendo).

UNA NOTA DE LA AUTORA

Hace varios años, festejando mi cumpleaños junto con varios amigos y algunas cervezas, entre risas y un poco de quejas respecto a nuestras labores en la investigación científica, nos dimos cuenta de que, a pesar de las congojas que vivíamos como estudiantes de posgrados en ciencias, los placeres eran mayores. Sobre todo porque disfrutábamos mucho de enterarnos de diversas explicaciones a fenómenos que tal vez ni siquiera sabíamos que existían, de las preguntas que muchas veces sonaban absurdas pero que iniciaban investigaciones maravillosas, de la creatividad que tienen los científicos para indagar sobre el mundo y, claro, de sentirnos parte de esa comunidad científica. Tantas risas y diversión no podían caber en un mundo que, en general, se percibe como superserio; de ahí salió la frase «investigaciones medianamente serias», que llegó para quedarse.

Después descubrí que a mí personalmente me gusta más leer y escribir sobre ciencia que, tal cual, hacer ciencia (en el sentido de hacer investigaciones en laboratorios dentro de contextos académicos). Pensarme fuera de ese mundo académico me costó un poco de trabajo, hasta que entendí que al hacer divulgación de la ciencia no solo la pasaba mucho mejor, sino que seguía siendo investigadora (medianamente seria). Ahora me gusta pensar que cualquier persona puede hacer este tipo de investigaciones medianamente serias al aproximarse con curiosidad y una mirada científica a la vida, y dejando siempre que las risas emerjan en ese camino.

Para mí este libro es una expresión del gozo, la admiración y la diversión que siento al comprender y explicar el mundo desde la ciencia. Haberlo escrito es un gran regalo que me fue otorgado, pues la voz que encuentro en el LIMS me hace sentir más yo (lo cual deseo todas y cada una de las personas de este mundo sientan en algún momento). Espero que este libro haya fluido en ti, lector, así como fluyó a través de mí, y que haya despertado más deseos de saber, de investigar y de nombrarte orgullosamente un investigador medianamente serio.

Alejandra Ortiz Medrano

AGRADECIMIENTOS

Disfruté enormemente la investigación para este libro, por eso agradezco muchísimo a todas las personas que me sugirieron las preguntas (mención especial para quienes hicieron las preguntas de por qué los perros se parecen a sus dueños y la de la pelusa del ombligo).

Gracias a Planeta, Karina M. y Tamara G. por abrirme las puertas y darme valiosos comentarios. A Jorge S. y Benjamín M. por darme algunos empujones hacia ese camino. A Camilo W. por aguantarme durante los meses de redacción.

A todas las personas que tienen en internet con acceso libre los artículos que usé como referencias para la investigación y, por supuesto, a quienes los escribieron.

Agradezco con amor al Centro de Investigaciones Medianamente Serias y todos sus integrantes. A quienes me enseñaron a hacer ciencia, como Daniel P. A quienes me enseñaron a escribir al favorecer las condiciones para leer, como Teresa y Luis Miguel.

Finalmente, un agradecimiento muy especial a quienes leen el libro. Aunque suene muy trillado, la razón de ser del LIMS es ser leído, y gracias a quienes lo leen es que yo como autora puedo hacer una de las cosas que más me gustan en la vida: escribir. Gracias por permitir que esta parte de mi vida sea así.

REFERENCIAS POR CAPÍTULO

Parte 1: Cuerpo

¿Qué es la pelusa que se acumula en el ombligo (y por qué está ahí)?

- Georg Steinhauser (2009), «The nature of navel fluff», *Medical Hypotheses*, vol. 72 (6), junio de 2009, pp. 623-625. Consultado en: https://www.sciencedirect.com/science/article/pii/S0306987709000474
- Jiri Hulcr *et al.* (2012), «A Jungle in There: Bacteria in Belly Buttons are Highly Diverse, but Predictable», *Plos One*. Consultado en: https://journals.plos.org/plosone/article?id=10.1371/journal.pone.0047712
- P. Deepu (2018), «Modeling the production of belly button lint», *Scientific Reports*, vol. 8. Consultado en: https://www.nature.com/articles/s41598-018-32765-9
- The Bellybutton Lint Survey Results (2018). Consultado en: http://www.abc.net.au/science/k2/lint/results.htm

¿Por qué te mareas si lees en el coche?

- M. Treisman (1977), «Motion sickness: An evolutionary hypothesis», *Science*, vol. 197 (4302), julio de 1977, pp. 493-495. Consultado en: http://science.sciencemag.org/content/197/4302/493
- Timothy C. Hain (s.a.), «Why does reading in a moving car cause motion sickness?», *Scientific American*. Consultado en: https://www.scientificamerican.com/article/why-does-reading-in-a-mov

¿Por qué no me acuerdo de cuando era bebé?

- Harlene Hayne (2003), «Infant memory development: Implications for childhood amnesia», *Developmental Review*, vol. 24 (1), marzo de 2004, pp. 33-73. Consultado en: https://www.sciencedirect.com/science/article/pii/S0273229703000431
- Katherine G. Akers *et al.* (2014), «Hippocampal Neurogenesis Regulates Forgetting During Adulthood and Infancy», *Science*. Consultado en: http://science.sciencemag.org/content/344/6184/598

- Robyn Fivush y Katherine Nelson (2004), «Culture and Language in the Emergence of Autobiographical Memory», *Sage Journals.* Consultado en: https://journals.sagepub.com/doi/abs/10.1111/j.0956-7976.2004.00722.x
- S. MacDonald, K. Uesiliana y H. Hayne H. (2000), «Cross-cultural and gender differences in childhood amnesia», *Memory* 8 (6): noviembre de 2000, pp. 365-376. Consultado en: https://www.ncbi.nlm.nih.gov/pubmed/11145068

¿Es necesario bañarse diario?

- Cadena Ser (2014), «¿Cuánta agua utilizamos durante la ducha?». Consultado en: https://agua.org.mx/cuanta-agua-utilizamos-durante-la-ducha
- Evlin Symon (s.a.), «Science Suggests You Should Not Shower Every Day Anymore», *Lifehack.* Consultado en: https://www.lifehack.org/355349/science-suggests-you-should-abandon-the-habit-showering-every-day
- Hilary Brueck (2018), «How often you actually need to shower, according to science», *Business Insider.* Consultado en: https://www.businessinsider.com/showering-how-often-2017-11
- Olga Khazan (2015), «How Often People in Various Countries Shower: Amidst the no-shampoo revolution, a look at global hygiene habits», *The Atlantic.* Consultado en: https://www.theatlantic.com/health/archive/2015/02/how-often-people-in-various-countries-shower/385470

¿El estrés produce canas?

- Live Science Staff (2012), «Can Fright Turn Hair Suddenly White?», *Live Science.* Consultado en: https://www.livescience.com/32172-can-fright-turn-hair-suddenly-white.html
- Ralph M. Trüeb (2009), «Oxidative Stress in Ageing of Hair», *Int. J. Trichology*, vol. 1 (1), pp. 6-14. Consultado en: https://www.ncbi.nlm.nih.gov/pmc/articles/PMC2929555

- Rodney Sinclair (2018), «Here's Why Your Hair Is Turning Grey, According to Science», *The Conversation*. Consultado en: https://www. sciencealert.com/why-hair-turns-grey-age-stress-science
- S. Commo, O. Gaillard y B.A. Bernard (2004), «Human hair greying is linked to a specific depletion of hair follicle melanocytes affecting both the bulb and the outer root sheath», *British Journal of Dermatology*, vol. 150 (3), pp. 435-443. Consultado en: https:// onlinelibrary.wiley.com/doi/abs/10.1046/j.1365-2133.2004.05787.x

¿Existe el gen de la infidelidad?

- Helen Fisher (2014), *Anatomy of Love: A Natural History of Mating, Marriage, and Why We Stray*, Ballantine Books. Consultado en: https://www.amazon.com/Anatomy-Love-Natural-History-Marriage/ dp/0449908976
- John K. Hewitt (2012), «Editorial Policy on Candidate Gene Association and Candidate Gene-by-Environment Interaction Studies of Complex Traits», *Behavior Genetics*, , vol. 42 (1), pp. 1-2. Consultado en: https://link.springer.com/article/10.1007%2Fs10519-011-9504-z
- John Horgan (2015), «"Infidelity Gene" Hyped in the News», *Scientific American*, mayo de 2015. Consultado en: https://blogs. scientificamerican.com/cross-check/infidelity-gene-hyped-in-the-news
- Justin R. García (2010), «Associations between Dopamine D4 Receptor Gene Variation with Both Infidelity and Sexual Promiscuity», *Plos One*. Consultado en: https://journals.plos.org/ plosone/article?id=10.1371/journal.pone.0014162
- Lynn F. Cherkas *et al.* (2004), «Genetic Influences on Female Infidelity and Number of Sexual Partners in Humans: A Linkage and Association Study of the Role of the Vasopressin Receptor Gene (AVPR1A)», *Journal of the Cambridge University Press*, vol. 7 (6), pp. 649-658. Consultado en: https://www.cambridge.org/core/journals/ twin-research-and-human-genetics/article/genetic-influences-on-female-infidelity-and-number-of-sexual-partners-in-humans-a-

linkage-and-association-study-of-the-role-of-the-vasopressin-receptor-gene-avpr1a/CD90C401AB01263A4205D6E926A914F8

- Marta Zaraska (2016), «The Genes of Left and Right: Our political attitudes may be written in our DNA», *Scientific American*. Consultado en: https://www.scientificamerican.com/article/the-genes-of-left-and-right

- Nicos Nicolaou *et al.* (2008), «Is the Tendency to Engage in Entrepreneurship Genetic?», *Management Science*, vol. 54 (1), pp. iv-235. Consultado en: https://pubsonline.informs.org/doi/abs/10.1287/mnsc.1070.0761

- ——(2011), «A polymorphism associated with entrepreneurship: Evidence from dopamine receptor candidate genes», *Small Business Economics*, vol. 36 (2), febrero de 2011, pp. 151-155. Consultado en: https://link.springer.com/article/10.1007/s11187-010-9308-1

- Peter K. Hatemi (2011), «A Genome-Wide Analysis of Liberal and Conservative Political Attitudes», *The Journal of Politics*, vol. 73 (1), pp. 271-285. Consultado en: https://pdfs.semanticscholar.org/d3b7/da80d80fc1147ccf99a29c91ccfbcaa9ac97.pdf

¿Por qué cuando no duermo me pongo de malas?

- Els Van der Helm y Matthew P. Walker (2009), «Overnight Therapy? The Role of Sleep in Emotional Brain Processing», *Psychol. Bull.* 135 (5), septiembre de 2009, pp. 731-748. Consultado en: https://www.ncbi.nlm.nih.gov/pmc/articles/PMC2890316

- Max Hirshkowitz *et al.* (2015), «National Sleep Foundation's sleep time duration recommendations: Methodology and results summary», *Sleep Health Journal of the National Sleep Foundation*, vol. 1 (1), pp. 40-43. Consultado en: https://www.sleephealthjournal.org/article/S2352-7218%2815%2900015-7/fulltext

- Seung-SchikYoo *et al.* (2007), «The human emotional brain without sleep —a prefrontal amygdala disconnect», *Current Biology*, vol. 17 (20), pp. R877-R878. Consultado en: https://www.sciencedirect.com/science/article/pii/S0960982207017836

¿Por qué los tatuajes son permanentes?

• K. Sperry (1992), «Tattoos and tattooing. Part II: Gross pathology, histopathology, medical complications, and applications», *American Journal of Forensic Medicine & Pathology*, vol. 13 (1), pp. 7-17. Consultado en: https://www.researchgate.net/publication/21569621_ Tattoos_and_tattooing_Part_II_Gross_pathology_histopathology_ medical_complications_and_applications

• P.J. Lea y A. Pawlowski (1987), «Human Tattoo: Electron Microscopic Assessment of Epidermis, Epidermal-Dermal Junction, and Dermis», *International Journal of Dermatology*, vol. 26 (7), pp. 453-458. Consultado en: https://onlinelibrary.wiley.com/doi/ pdf/10.1111/j.1365-4362.1987.tb00590.x

¿Por qué a algunas personas les cambia la textura del cabello con los años?

• Gillian E. Westgate, Rebecca S. Ginger y Martin R. Green (2017), «The biology and genetics of curly hair», *Experimental Dermatology*, vol. 26 (6), pp. 483-490. Consultado en: https://onlinelibrary.wiley.com/doi/ full/10.1111/exd.13347

• Mary Beth Griggs (2012), «Why Does Hair Change as You Age?», *Live Science*.Consultado en: https://www.livescience.com/33654-hair-older. html

• S. Thibaut *et al.* (2005), «Human hair shape is programmed from the bulb», *British Journal of Dermatology*, vol. 152 (4), pp. 632-638. Consultado en: https://onlinelibrary.wiley.com/doi/abs/10.1111/j.1365- 2133.2005.06521.x

• Whitney Valins *et al.* (2011), «Alteration in Hair Texture Following Regrowth in Alopecia Areata. A Case Report», *JAMA Network*. Consultado en: https://jamanetwork.com/journals/jamadermatology/ fullarticle/1105175

• Y. Shimomura y A.M. Christiano (2010), «Biology and genetics of hair», *Annu. Rev. Genomics. Hum. Genet*, 11, pp. 109-32. Consultado en: https://www.ncbi.nlm.nih.gov/pubmed/20590427

¿Qué pasa en la piel cuando salen ojeras?

- Fernanda Magagnin Freitag y Tania Ferreira Cestari (2007), «What causes dark circles under the eyes?», *Journal of Cosmetic Dermatology*, vol. 6 (3), pp. 211-215. Consultado en: https://onlinelibrary.wiley.com/doi/abs/10.1111/j.1473-2165.2007.00324.x
- Manju Daroach y Muthu S. Kumaran (2018), «Periorbital hyperpigmentation— An overview of the enigmatous condition», *Pigment International*. Consultado en: http://www.pigmentinternational.com/article.asp?issn=2349-5847;year=2018;volume=5;issue=1;spage=1;epage=3;aulast=Daroach

¿Hace daño tronarse los dedos?

- D. L. Unger (1998), «Does knuckle cracking lead to arthritis of the fingers?», *Arthritis Rheum.*, vol. 41 (5), pp. 949-950. Consultado en: https://www.ncbi.nlm.nih.gov/pubmed/?term=Unger%20DL%20knuckle%20cracking
- Gregory N. Kawchuk (2015), «Real-Time Visualization of Joint Cavitation», *Plos One*. Consultado en: https://journals.plos.org/plosone/article?id=10.1371/journal.pone.0119470
- K. Deweber, M. Olszewski y R. Ortolano (2011), «Knuckle cracking and hand osteoarthritis», *J. Am. Board Fam. Med.*, vol. 24 (2), pp. 169-74. Consultado en: https://www.ncbi.nlm.nih.gov/pubmed/21383216
- Robert L. Swezey (1998), «Does knuckle cracking lead to arthritis of the fingers? Reply», *Arthritis & Rheumatism, vol.* 41(5), p. 950.
- Robert L. Swezey y Stuart E. Swezey (1975), «The Consequences of Habitual Knuckle Cracking», *West J. Med.*, 122 (5), pp. 377-379. Consultado en: https://www.ncbi.nlm.nih.gov/pmc/articles/PMC1129752
- V. Chandran Suja y A.I. Barakat (2018), «A Mathematical Model for the Sounds Produced by Knuckle Cracking», *Scientific Reports*, vol. 8. Consultado en: https://www.nature.com/articles/s41598-018-22664-4

¿Por qué todos los bebés recién nacidos se parecen tanto?

- D. Kuefner, *et al.* (2008), «Do all kids look alike? Evidence for another-age effect in adults», *J. Exp. Psychol. Hum. Percept. Perform*, vol. 34 (4), pp. 811-817. Consultado en: https://www.ncbi.nlm.nih.gov/pubmed/18665727
- Peter J. Hills y Susan F.L. Willis (2016), «Children view own-age faces qualitatively differently to other-age faces», *Journal of Cognitive Psychology*, vol. 28 (5), pp. 601-610. Consultado en: https://www.tandfonline.com/doi/full/10.1080/20445911.2016.1164710

¿Por qué los mosquitos pican más a unas personas que a otras?

- Roger Dobson (2000), «Mosquitoes prefer pregnant women», *BMJ*, vol. 320 (7249), junio de 2000, pp. 1558. Consultado en: https://www.ncbi.nlm.nih.gov/pmc/articles/PMC1127358
- Shirai O. *et al.* (2002), «Alcohol ingestion stimulates mosquito attraction», *J. Am. Mosq. Control Assoc.*, vol. 18 (2), pp. 91-96. Consultado en: https://www.ncbi.nlm.nih.gov/pubmed/12083361

¿Por qué el cabello se enchina con la humedad?

- C. Claiborne Ray (2012), «Fated to Frizz», *The New York Times*. Consultado en: https://www.nytimes.com/2012/10/30/science/why-does-some-hair-frizz-when-its-humid.html
- Clarence R. Robbins (2012), *Chemical and Physical Behavior of Human Hair*, 5a. edición, Springer. Consultado en: https://www.springer.com/gp/book/9783642256103

¿Por qué es tan rico hacer popó?

- I.E. de Araujo (2008), «Food reward in the absence of taste receptor signaling», *Neuron*, vol. 57 (6), pp. 930-941. Consultado en: https://www.ncbi.nlm.nih.gov/pubmed/18367093
- Josh Richman y Anish Sheth (2018), *The Complete What's Your Poo Telling You*, Chronicle Books. Consultado en: https://www.amazon.com.mx/Complete-Whats-Your-Poo-Telling/dp/145217007X/ref=sr_1_

fkmr2_2?ie=UTF8&qid=1546627454&sr=8-2-fkmr2&keywords=what+i
s+your+poo+telling+you

- W.N. Kapoor, J. Peterson y M. Karpf (1986), «Defecation syncope. A symptom with multiple etiologies», *Arch. Intern. Med.*, vol. 146 (12), pp. 2377-2379. Consultado en: https://www.ncbi.nlm.nih.gov/pubmed/3778072

- Wenfei Han (2018), «A Neural Circuit for Gut-Induced Reward», *Cell*, vol. 175 (3), pp. 665-678, E23. Consultado en: https://www.cell.com/cell/fulltext/S0092-8674(18)31110-3?_returnURL=https%3A%2F%2Flinkin ghub.elsevier.com%2Fretrieve%2Fpii%2FS0092867418311103%3Fshowa ll%3Dtrue

¿La maldad es hereditaria?

- S. Sánchez-Roige *et al.* (2018), «The genetics of human personality», *Genes Brain. Behav.*, vol. 17 (3), p. e12439. Consultado en: https://www.ncbi.nlm.nih.gov/pubmed/29152902

- Tena Vukasović y Denis Bratko (2015), «Heritability of personality: A meta-analysis of behavior genetic studies», *Psychological Bulletin*, vol. 141 (4), 769-785. Consultado en: https://psycnet.apa.org/doiLanding?doi =10.1037%2Fbul0000017

¿Cuál es la relación de la luna con el comportamiento humano?

- D.F. Danzl (1987), «Lunacy», *J. Emerg. Med.*, vol. 5 (2), pp. 91-95. Consultado en: https://www.ncbi.nlm.nih.gov/pubmed/3584923

- Jean-Luc Margot (2015), «No Evidence of Purported Lunar Effect on Hospital Admission Rates or Birth Rates», *Nursing Research*, vol. 64 (3), pp. 168-175. Consultado en: https://journals.lww.com/nursingresearchonline/Fulltext/2015/05000/No_Evidence_of_Purported_Lunar_Effect_on_Hospital.3.aspx

- J. Rotton e I.W. Kelly (1985), «Much ado about the full moon: A meta-analysis of lunar-lunacy research», *Psychological Bulletin*, vol. 97 (2), pp. 286-306. Consultado en: https://psycnet.apa.org/record/1985-19152-001

- R.N. McLay, A.A. Daylo y P.S. Hammer (2006), «No effect of lunar cycle on psychiatric admissions or emergency evaluations», *Mil. Med.*, vol 171 (12), pp. 1239-1242. Consultado en: https://www.ncbi.nlm.nih.gov/pubmed/17256692

- Russell G. Foster y Till Roenneberg (2008), «Human Responses to the Geophysical Daily, Annual and Lunar Cycles», *Current Biology*, vol. 18 (17), pp. R784-R794. Consultado en: https://www.cell.com/current-biology/fulltext/S0960-9822(08)00865-8?_returnURL=https%3A%2F%2Flinkinghub.elsevier.com%2Fretrieve%2Fpii%2FS0960982208008658%3Fshowall%3Dtrue

- S. Kamat *et al.* (2014), «Pediatric psychiatric emergency department visits during a full moon», *Pediatr. Emerg. Care*, vol. 30 (12), pp. 875-878. Consultado en: https://www.ncbi.nlm.nih.gov/pubmed/25407032

¿Por qué me salió una alergia de la nada?

- Denise A. Moneret-Vautrin y Martine Morisset (2005), «Adult food allergy», *Current Allergy and Asthma Reports*, vol. 5 (1), pp. 80-85. Consultado en: https://link.springer.com/article/10.1007/s11882-005-0060-6

- Eva Untersmayr y Erika Jensen-Jarolim (2008), «The role of protein digestibility and antacids on food allergy outcomes», *J. Allergy Clin. Immunol.*, vol. 121 (6), pp. 1301-1310. Consultado en: https://www.ncbi.nlm.nih.gov/pmc/articles/PMC2999748

- J.F. Crespo *et al.* (1995), «Cross-reactivity of IgE-binding components between boiled Atlantic shrimp and German cockroach», *Allergy*, vol. 50 (11), pp. 918-924. Consultado en: https://www.ncbi.nlm.nih.gov/pubmed/8748725

- J.F. Crespo y J. Rodríguez (2003), «Food allergy in adulthood», *Allergy*, vol. 58 (2), pp. 98-113. Consultado en: https://onlinelibrary.wiley.com/doi/full/10.1034/j.1398-9995.2003.02170.x

- Mariona Pascal *et al.* (2018), «Microbiome and Allergic Diseases», *Front Immunol.*, vol. 9, p. 1584. Consultado en: https://www.ncbi.nlm.nih.gov/pmc/articles/PMC6056614

Parte 2: Alimentos

¿Los humanos somos naturalmente carnívoros o vegetarianos?

- B. Pobiner (2013), «Evidence for Meat-Eating by Early Humans», *Nature Education Knowledge*, vol. 4 (6), p. 1. Consultado en: https://www.nature.com/scitable/knowledge/library/evidence-for-meat-eating-by-early-humans-103874273
- Katherine D. Zink y Daniel E. Lieberman (2016), «Impact of meat and Lower Palaeolithic food processing techniques on chewing in humans», *Nature*, vol. 531, pp. 500-503. Consultado en: https://www.nature.com/articles/nature16990
- Vaclav Smil (2013), «Should Humans Eat Meat? [Excerpt]», *Scientific American*. Consultado en: https://www.scientificamerican.com/article/should-humans-eat-meat-excerpt

¿Por qué las embarazadas tienen antojos?

- Natalia C. Orloff y Julia M. Hormes (2014), «Pickles and ice cream! Food cravings in pregnancy: Hypotheses, preliminary evidence, and directions for future research», *Front Psychol.*, vol. 5. Consultado en: https://www.ncbi.nlm.nih.gov/pmc/articles/PMC4172095

¿Una manzana podrida realmente pudre a las demás?

- Daniel H. Janzen (1977), «Why Fruits Rot, Seeds Mold, and Meat Spoils», *The American Naturalist*, vol. 111 (980), pp. 691-713. Consultado en: https://www.jstor.org/stable/2460325?seq=1#page_scan_tab_contents
- Marieke Dubois, Lisa Van den Broeck y Dirk Inzé (2018), «The Pivotal Role of Ethylene in Plant Growth», *Trends in Plants Science*, vol. 23 (4), pp. 311-323. Consultado en: https://www.sciencedirect.com/science/article/pii/S1360138518300153
- Robert Dudley (2004), «Ethanol, Fruit Ripening, and the Historical Origins of Human Alcoholism in Primate Frugivory», Integrative and

Comparative Biology, vol. 44 (4), pp. 315-323. Consultado en: https://academic.oup.com/icb/article/44/4/315/800304

¿Los endulzantes artificiales son tan malos como dicen?

- EFSA Panel on Food Additives and Nutrient Sources added to Food (ANS) (2013), «Scientific Opinion on the re-evaluation of aspartame (E 951) as a food additive», *EFSA Journal*. Consultado en: https://efsa.onlinelibrary.wiley.com/doi/abs/10.2903/j.efsa.2013.3496

- Gustavo J.C. Borrajo (2012), «Panorama epidemiológico de la fenilcetonuria (PKU) en Latinoamérica», *Acta Pediátrica de México*, vol. 33 (6), pp. 279-287. Consultado en: http://www.medigraphic.com/pdfs/actpedmex/apm-2012/apm126c.pdf

- Jotham Suez *et al.* (2014), «Artificial sweeteners induce glucose intolerance by altering the gut microbiota», *Nature*, vol. 514, pp. 181-186. Consultado en: https://www.nature.com/articles/nature13793

- M.R. Weihrauch y V. Diehl (2004), «Artificial sweeteners—do they bear a carcinogenic risk?», *Annals of Oncology*, vol. 15 (10), pp. 1460-1465. Consultado en: https://academic.oup.com/annonc/article/15/10/1460/170200

- Unhee Lim *et al.* (2006), «Consumption of Aspartame-Containing Beverages and Incidence of Hematopoietic and Brain Malignancies», *Cancer Epidemiology, Biomarkers & Prevention*, vol. 15 (9), pp. 1654-1659. Consultado en: https://dietandhealth.cancer.gov/docs/aspartame.pdf

¿Por qué de niño no me gustaba la cerveza y ahora sí?

- J.A. Mennella, M.Y. Pepino y D.R. Reed (2005), «Genetic and environmental determinants of bitter perception and sweet preferences», *Pediatrics*, vol. 115 (2), pp. e216-e222. Consultado en: https://www.ncbi.nlm.nih.gov/pubmed/15687429

¿Hace daño el glutamato monosódico?

- Daniel J. Raiten, John M. Talbot y Kenneth D. Fisher (eds.) (1995),

«Executive Summary from the Report: Analysis of Adverse Reactions to Monosodium Glutamate (MSG)», *The Journal of Nutrition*, vol. 125 (11), pp. 2891S-2906S. Consultado en: https://academic.oup.com/jn/article-abstract/125/11/2891S/4730581?redirectedFrom=PDF

- L. Tarasoff y M.F. Kelly (1993), «Monosodium L-glutamate: A double-blind study and review», *Food and Chemical Toxicology*, vol. 31 (12), pp. 1019-1035. Consultado en: https://www.sciencedirect.com/science/article/pii/027869159390012N

- R.S. Geha *et al.* (2000), «Multicenter, double-blind, placebo-controlled, multiple-challenge evaluation of reported reactions to monosodium glutamate», *J. Allergy Clin. Immunol.*, vol. 106 (5), pp. 973-80. Consultado en: https://www.ncbi.nlm.nih.gov/pubmed/11080723

- U.S. Food & Drug Administration (2012), «Questions and Answers on Monosodium glutamate (MSG)». Consultado en: http://www.fda.gov/food/ingredientspackaginglabeling/foodadditivesingredients/ucm328728.htm

- Yan Zhou, Ming Yang y Bi Rong Dong (2012), «Monosodium glutamate avoidance for chronic asthma in adults and children», *Cochrane Library*. Consultado en: http://onlinelibrary.wiley.com/doi/10.1002/14651858.CD004357.pub4/abstract

¿Por qué es tan bueno el caldo de pollo para la gripa?

- Barbara O. Rennard (2000), «Chicken Soup Inhibits Neutrophil Chemotaxis *In Vitro*», *Chest*, vol. 118 (4), pp. 1150-1157. Consultado en: https://www.sciencedirect.com/science/article/pii/S0012369215377217

- Jordan D. Troisi y Shira Gabriel (2011), «Chicken Soup Really Is Good for the Soul: "Comfort Food" Fulfills the Need to Belong», *Sage Journals*. Consultado en: https://journals.sagepub.com/doi/abs/10.1177/0956797611407931

- K. Saketkhoo, A. Januszkiewicz y M.A. Sackner (1978), «Effects of drinking hot water, cold water, and chicken soup on nasal mucus velocity and nasal airflow resistance», *Chest* 74 (4), pp. 408-410. Consultado en: https://www.ncbi.nlm.nih.gov/pubmed/359266

¿Por qué sabe más rica la tapa del muffin que el resto?

- Karin Thorvaldsson y Christina Skjöldebrand (1998), «Water Diffusion in Bread During Baking», *LWT - Food Science and Technology*, vol. 31 (7-8), pp. 658-663. Consultado en: https://www.sciencedirect.com/science/article/pii/S0023643898904273

- Nirmal Sinha (2007), *Handbook of Food Products Manufacturing*, 2 vols., John Wiley and Sons (eds.). Consultado en: https://books.google.com.mx/books?hl=en&lr=&id=mnh6aoI8iF8C&oi=fnd&pg=PA279&dq=maillard+muffin&ots=EXOsk4Bqto&sig=sGXehu3U-fQWurOBS4OEoRdeJNA#v=onepage&q=maillard&f=false

- S. González-Mateo, M.L. González-SanJosé y P. Muñiz (2009), «Presence of Maillard products in Spanish muffins and evaluation of colour and antioxidant potential», *Food and Chemical Toxicology*, vol. 47 (11), pp. 2798-2805. Consultado en: https://www.sciencedirect.com/science/article/pii/S0278691509004037

Parte 3: Naturaleza

¿Son mejores los perros o los gatos?

- BBC (2018), «Cats v Dogs: Which is Best», episodio 2. Consultado en https://www.bbc.co.uk/programmes/b070ndj2

- D. Jardim-Messeder *et al.* (2017), «Dogs Have the Most Neurons, Though Not the Largest Brain: Trade-Off between Body Mass and Number of Neurons in the Cerebral Cortex of Large Carnivoran Species», *Front. Neuroanat.*, vol. 11 (118). Consultado en: https://www.frontiersin.org/articles/10.3389/fnana.2017.00118/full

- John Bradshaw (2013), *Cat Sense: How the New Feline Science Can Make You a Better Friend to Your Pet*, Basic Books. Consultado en: https://www.amazon.com/Cat-Sense-Feline-Science-Better/

dp/0465031013/ref=sr_1_1?ie=UTF8&qid=1389568682&sr=8-1&keywords=Cat+sense

- Kristyn R. Vitale Shrevea, Lindsay R. Mehrkamb y Monique A.R. Udell (2017), «Social interaction, food, scent or toys? A formal assessment of domestic pet and shelter cat (*Felis silvestris catus*) preferences», *Behavioural Processes*, vol. 141 (3), pp. 322-328. Consultado en: https://www.sciencedirect.com/science/article/abs/pii/S0376635716303424

- M.C. Gartner, D.M. Powell y A. Weiss (2014), «Personality Structure in the Domestic Cat (*Felis silvestris catus*), Scottish Wildcat (*Felis silvestris grampia*), Clouded Leopard (*Neofelis nebulosa*), Snow Leopard (*Panthera uncia*), and African Lion (*Panthera leo*): A Comparative Study», *Journal of Comparative Psychology*, vol. 128 (4), pp. 414-426. Consultado en: https://www.research.ed.ac.uk/portal/files/17472323/Personality_Structure_in_the_Domestic_Cat.pdf

- Michael J. Montague *et al.* (2014), «Comparative analysis of the domestic cat genome reveals genetic signatures underlying feline biology and domestication», *Proceedings of the National Academy of Science of the United States of America*, vol. 111 (48), pp. 17230-17235. Consultado en: https://www.pnas.org/content/111/48/17230.full

- Yaowu Hu (2013), «Earliest evidence for commensal processes of cat domestication», *Proceedings of the National Academy of Science of the United States of America*, vol. 111 (1), pp. 116-120. Consultado en: https://www.pnas.org/content/111/1/116.short

¿Cuáles son los efectos de la luz artificial en la biodiversidad?

- Abraham Haim y Abed E. Zubidat (2015), «Artificial light at night: melatonin as a mediator between the environment and epigenome», *Philosophical Transactions of the Royal Society B*, vol. 370 (1667). Consultado en: https://doi.org/10.1098/rstb.2014.0121

- Catherine Rich y Travis Longcore (2006), *Artificial Night Lighting*, Washington, Island Press

- Davide M. Dominoni y Jesko Partecke (2015), «Does light pollution alter daylength? A test using light loggers on free-ranging European blackbirds (*Turdus merula*)», *Philosophical Transactions of the Royal Society B*, vol. 370 (1667). Consultado en: https://www.ncbi.nlm.nih.gov/pmc/articles/PMC4375360

- Daniel Lewanzik y Christian C. Voigt (2014), «Artificial light puts ecosystem services of frugivorous bats at risk», *Journal of Applied Ecology*, vol. 51 (2), pp. 388-394. Consultado en: https://doi.org/10.1111/1365-2664.12206

- Fabio Falchi *et al.* (2011), «Limiting the impact of light pollution on human health, environment and stellar visibility», *Journal of Environmental Management*, vol. 92 (10), pp. 2714-2722. Consultado en: https://doi.org/10.1016/J.JENVMAN.2011.06.029

- International Dark Sky Association. https://www.darksky.org

- Kevin J. Gaston (2013), «A green light for efficiency», *Nature*, vol. 497, pp. 560-561. Consultado en: https://doi.org/10.1038/497560a

¿Por qué a donde sea que viajo hay gorriones?

- Lynn B. Martin, II y Lisa Fitzgerald (2005), «A taste for novelty in invading house sparrows, Passer domesticus», *Behavioral Ecology*, vol. 16 (4), pp. 702-707. Consultado en: https://academic.oup.com/beheco/article/16/4/702/214695

- William B. Monahan y Morgan W. Tingley (2012), «Niche Tracking and Rapid Establishment of Distributional Equilibrium in the House Sparrow Show Potential Responsiveness of Species to Climate Change», *Plos One*. Consultado en: https://journals.plos.org/plosone/article?id=10.1371/journal.pone.0042097

¿Los perros razonan?

- Ágnes Erdőhegyi *et al.* (2007), «Dog-logic: Inferential reasoning in a two-way choice task and its restricted use», *Animal Behaviour*, vol. 74 (4), pp. 725-737. Consultado en: https://www.sciencedirect.com/science/article/pii/S0003347207002126

- Kristin Andrews (2008), «Animal Cognition», *Stanford Encyclopedia of Philosophy*. Consultado en: https://plato.stanford.edu/entries/cognition-animal

¿Las plantas tienen conciencia?
- Daniel A. Chamovitz (2018), «Plants are intelligent; now what?», *Nature Plants*, vol. 4, pp. 622-623. Consultado en: https://www.nature.com/articles/s41477-018-0237-3
- Monica Gagliano, Stefano Mancuso y Daniel Robert (2012), «Towards understanding plant bioacoustics», *Spotlight*, vol. 17 (6), pp. 323-325. Consultado en: https://www.cell.com/trends/plant-science/fulltext/S1360-1385(12)00054-4
- Monica Gagliano *et al.* (2014), «Experience teaches plants to learn faster and forget slower in environments where it matters», *Oecologia*, vol. 175 (1), pp. 63-72. Consultado en: https://link.springer.com/article/10.1007/s00442-013-2873-7
- Monica Gagliano *et al.* (2016), «Learning by Association in Plants», *Scientific Reports*, vol. 6. Consultado en: https://www.nature.com/articles/srep38427

¿Por qué la lluvia huele tan bien?
- I.J. Bear y R.G. Thomas (1964), «Nature of argillaceous odor», *Nature*, vol. 201 (4923), pp. 993-995. Consultado en: https://chemport.cas.org/cgi-bin/sdcgi?APP=ftslink&action=reflink&origin=npg&version=1.0&coi=1:CAS:528:DyaF2cXnsVCmsg%3D%3D&pissn=0028-0836&pyear=1965&md5=e69431f269998ab0b70dd6759a53d72c
- Young Soo Joung y Cullen R. Buie (2015), «Aerosol generation by raindrop impact on soil», *Nature Communications*, vol. 6, artículo 6083. Consultado en: https://www.nature.com/articles/ncomms7083

¿Las abejas tienen lenguaje?
- J. R. Riley *et al.* (2005), «The flight paths of honeybees recruited by the

waggle dance», *Nature*, vol. 435, pp. 205-207. Consultado en: https://www.nature.com/articles/nature03526

- Karl von Frisch (1953), *The dancing bees: An account of the life and senses of the honey bee*, Brace Harcourt (ed.). Consultado en: https://www.amazon.com/dancing-bees-account-senses-honey/dp/B0007DP13Q
- Tania Munz (2016), *The Dancing Bees: Karl von Frisch and the Discovery of the Honeybee Language*, University of Chicago Press. Consultado en: https://www.amazon.com/Dancing-Bees-Discovery-Honeybee-Language/dp/022602086X
- Tim Landgraf (2011), «Analysis of the Waggle Dance Motion of Honeybees for the Design of a Biomimetic Honeybee Robot», *Plos One*. Consultado en: https://journals.plos.org/plosone/article?id=10.1371/journal.pone.0021354

¿Por qué no se pueden predecir los sismos?

- Egill Hauksson y J.G. Goddard (1981), «Radon earthquake precursor studies in Iceland», *Journal of Geophysical Research* 86, pp. 7037-7054
- K.F. Tiampo *et al.* (2002), «Pattern Dynamics and Forecast Methods in Seismically Active Regions», *Pure and Applied Geophysics*, vol. 159 (10), pp. 2429-2467. Consultado en: https://link.springer.com/article/10.1007/s00024-002-8742-7
- Phil McKenna (2011), «Why earthquakes are hard to predict», NewScientist. Consultado en: https://www.newscientist.com/article/dn20243-why-earthquakes-are-hard-to-predict
- Rand B. Schaal (1988), «An evaluation of the animal-behavior theory for earthquake prediction», *California Geology*, vol. 41 (2). Consultado en: http://www.fc.up.pt/pessoas/csvascon/iapg-pns/CG.pdf
- Susan Elizabeth Hough (2016), *Predicting the Unpredictable: The Tumultuous Science of Earthquake Prediction*, Princeton University Press. Consultado en: https://www.amazon.com/Predicting-Unpredictable-Tumultuous-Earthquake-Prediction/dp/0691173303

¿Cómo es que las plantas siguen al sol?

- Christian Fankhauser y John M. Christie (2015), «Plant Phototropic Growth», *Current Biology*, vol. 25 (9), pp. R384-R389. Consultado en: https://www.sciencedirect.com/science/article/pii/S0960982215003358

- Emmanuel Liscum (2014), «Phototropism: Growing towards an Understanding of Plant Movement», *American Society of Plant Biologists*. Consultado en: http://www.plantcell.org/content/26/1/38

¿Algunos animales pueden detectar enfermedades en las personas?

- Carolyn M. Willis (2004), «Olfactory detection of human bladder cancer by dogs: proof of principle study», *BMJ*, vol. 329, p. 712. Consultado en: https://www.bmj.com/content/329/7468/712?ehom_

- Deborah L. Wells (2007), «Domestic dogs and human health: An overview», *British Journal of Health Psychology*, vol. 12 (1), pp. 145-156. Consultado en: https://onlinelibrary.wiley.com/doi/abs/10.1348/135910706X103284

- Emily Mosera y MichaelMcCulloch (2010), «Canine scent detection of human cancers: A review of methods and accuracy», *Journal of Veterinary Behavior*, vol. 5 (3), pp. 145-152. Consultado en: https://www.sciencedirect.com/science/article/pii/S1558787810000031?via%3Dihub

- Gareth Williams *et al.* (2000), «Non-invasive detection of hypoglycaemia using a novel, fully biocompatible and patient friendly alarm system», *BMJ*, vol. 321, p. 1565. Consultado en: https://www.bmj.com/content/321/7276/1565

- Kevin R. Elliker *et al.* (2014), «Key considerations for the experimental training and evaluation of cancer odour detection dogs: lessons learnt from a double-blind, controlled trial of prostate cancer detection», *BMC Urology*, vol. 14, p. 22. Consultado en: https://bmcurol.biomedcentral.com/articles/10.1186/1471-2490-14-22

¿La lluvia limpia la contaminación?

- K. Ardon-Dryer, Y.W. Huang y D.J. Cziczo (2015), «Laboratory studies of collection efficiency of sub-micrometer aerosol particles by cloud droplets on a single-droplet basis», *Atmos. Chem. Phys.*, vol. 15, 2015, pp. 9159-9171. Consultado en: https://www.atmos-chem-phys.net/15/9159/2015/acp-15-9159-2015.html

- Luis Camilo Blanco-Becerra, Aurora Inés Gáfaro-Rojas y Néstor Yezid Rojas-Roa (2015), «Influencia del efecto barrido en la relación PM2.5/PM10 en la localidad de Kennedy de Bogotá, Colombia», *Rev. Fac. Ing. Univ. Antioquia*, núm. 76. Consultado en: http://www.scielo.org.co/scielo.php?pid=S0120-62302015000300007&script=sci_arttext&tlng=pt

- X. Feng y S. Wang (2012), «Influence of different weather events on concentrations of particulate matter with different sizes in Lanzhou, China», *J. Environ. Sci.* (China), vol. 24 (4), 2012, pp. 665-74. Consultado en: https://www.ncbi.nlm.nih.gov/pubmed/22894101

¿El café es bueno para las plantas?

- Linda Chalker-Scott (2009), «Coffee grounds—will they perk up plants?», *Master Gardener*, pp. 3-4. Consultado en: https://s3.wp.wsu.edu/uploads/sites/403/2015/03/coffee-grounds.pdf

¿Por qué algunas personas se parecen a su perro?

- Christina Payne y Klaus Jaffe (2005), «Self seeks like: many humans choose their dog pets following rules used for assortative mating», *Journal of Ethology*, vol. 23 (1), pp. 15-18. Consultado en: https://link.springer.com/article/10.1007/s10164-004-0122-6

- Michael M. Roy y J.S. Christenfeld Nicholas (2004), «Do Dogs Resemble Their Owners?», *Psychological Science*, vol. 15 (5). Consultado en: https://journals.sagepub.com/doi/abs/10.1111/j.0956-7976.2004.00684.x

- Sadahiko Nakajima (2013), «Dogs and Owners Resemble Each Other in the Eye Region», *Anthrozoös. A Multidisciplinary Journal of The Interactions of People & Animals*, vol. 26 (4), pp. 551-556. Consultado en: https://www.tandfonline.com/doi/abs/10.2752/175303713X13795775536093

- Stanley Coren (1999), «Do People Look Like Their Dogs?», *Anthrozoös. A Multidisciplinary Journal of The Interactions of People & Animals*, vol. 12 (2), pp. 111-114. Consultado en: https://www.researchgate.net/publication/233685914_Do_People_Look_Like_Their_Dogs

- Stefan Stieger y Martin Voracek (2014), «Not Only Dogs Resemble Their Owners, Cars Do Too», *Swiss Journal of Psychology*, vol. 73, pp. 111-117. Consultado en: https://econtent.hogrefe.com/doi/abs/10.1024/1421-0185/a000130?journalCode=sjp

¿Qué relación tiene el calor con la incompetencia laboral?

- Anant Sudarshan *et al.* (2015). «The Impact Of Temperature On Productivity And Labor Supply —Evidence From Indian Manufacturing», *Working Papers* 244, Centre for Development Economics, Delhi School of Economics. Consultado en: https://ideas.repec.org/p/cde/cdewps/244.html

- Laura Geggel (2017), «Why Does Being in the Heat Make Us Feel Tired?», *Live Science*. Consultado en: https://www.livescience.com/60116-why-heat-makes-you-feel-tired.html

- Richard de Dear y Gail Schiller Brager (1998), «Developing an adaptive model of thermal comfort and preference», *ASHRAE Transactions*, vol. 104 (1), pp. 145-167. Consultado en: https://escholarship.org/uc/item/4qq2p9c6

Parte 4: Evolución

¿Por qué se extinguieron los dinosaurios?

- Angela C. Milner y Stig A. Walsh (2009), «Avian brain evolution: new data from Palaeogene birds (Lower Eocene) from England», Zoological Journal of the Linnean Society, vol. 155 (1), pp. 198-219. Consultado en: https://academic.oup.com/zoolinnean/article/155/1/198/2674320

- Blair Schoene *et al.* (2015), «U-Pb geochronology of the Deccan Traps and relation to the end-Cretaceous mass extinction», Science, vol. 347 (6218), enero de 2015, pp. 182-184. Consultado en: http://science. sciencemag.org/content/347/6218/182

- Luis W. Álvarez *et al.* (1980), «Extraterrestrial Cause for the Cretaceous-Tertiary Extinction: Experimental Results and Theoretical Interpretation», *Science*, vol. 208 (4448), pp. 1095-1108. Consultado en: https://websites.pmc.ucsc.edu/~pkoch/EART_206/09-0305/ Alvarez%20et%2080%20Science%20208-1095.pdf

- Roger B. J. Benson *et al.* (2014), «Rates of Dinosaur Body Mass Evolution Indicate 170 Million Years of Sustained Ecological Innovation on the Avian Stem Lineage», *Plos Biology Journal.* Consultado en: https://journals.plos.org/plosbiology/ article?id=10.1371/journal.pbio.1001853

¿Por qué tenemos pelo solo en ciertas partes del cuerpo?

- Alan R. Rogers, David Iltis y Stephen Wooding (2004), «Genetic Variation at the MC1R Locus and the Time since Loss of Human Body Hair», *Current Anthropology,* vol. 45 (1), pp. 105-108. Consultado en: https://www.journals.uchicago.edu/doi/abs/10.1086/381006

- Lia Queiroz do Amaral (1996), «Loss of body hair, bipedality and thermoregulation: Comments on recent papers», *Journal of Human Evolution,* vol. 30, pp. 357-366. Consultado en: https://www.amazon. com/Apes-Human-Evolution-Russell-Tuttle/dp/0674073169/ref=sr_1_1 ?creativeASIN=0674073169&linkCode=w61&imprToken=7fq5GrykW X5d27Re.kPf2A&slotNum=0&ie=UTF8&qid=1429574831&sr=8-1&ke ywords=Apes+and+Human+Evolution&tag=w050b-20

- Nina G. (2006), *Skin: A Natural History,* University of California Press. Consultado en: Jablonskihttps://books.google.com.mx/books?id=EYi9 S3VtIGsC&pg=PP13&redir_esc=y#v=onepage&q&f=false

- P.E. Wheeler (1984), «The evolution of bipedality and loss of functional body hair in hominids», *Journal of Human Evolution,* vol. 13 (1), pp. 91-98. Consultado en: https://www.sciencedirect.com/science/article/pii/S0047248484800792

¿Hubo sexo entre humanos y neandertales?

- Corinne N. Simonti (2016), «The phenotypic legacy of admixture between modern humans and Neandertals», Science, vol. 351 (6274), pp. 737-741. Consultado en: http://science.sciencemag.org/content/351/6274/737.full

- Fernando A. Villanea y Joshua G. Schraiber (2019), «Multiple episodes of interbreeding between Neanderthal and modern humans», *Nature Ecology & Evolution*, vol. 3, pp. 39-44. Consultado en: https://www.nature.com/articles/s41559-018-0735-8

- Matthieu Deschamps (2016), «Genomic Signatures of Selective Pressures and Introgression from Archaic Hominins at Human Innate Immunity Genes», *AJHG*, vol. 98 (1), pp. 5-21. Consultado en: https://www.cell.com/ajhg/fulltext/S0002-9297(15)00485-1

- Michael Dannemann, Aida M. Andrés y Janet Kelso (2016), «Introgression of Neandertal- and Denisovan-like Haplotypes Contributes to Adaptive Variation in Human Toll-like Receptors», *AJHG*, vol. 98 (1), pp. 22-33. Consultado en: https://www.cell.com/ajhg/fulltext/S0002-9297(15)00486-3

¿Por qué la piel se pone chinita?

- Mathias Benedek y Christian Kaernbach (2011), «Physiological correlates and emotional specificity of human piloerection», *Biological Psychology*, vol. 86 (3), pp. 320-329. Consultado en: https://www.sciencedirect.com/science/article/pii/S0301051111000093

- N.A. Campbell, L.G. Mitchell y J.B. Reece Addison (2000), «Biology: Concepts and Connections», 3a. edición [*addenda* preparada por Charles H. Voss, 2006], Wesley Longman. Consultado en: http://textaddons.com/uploads/5_11_Biology_Concepts___Connections_2000.pdf

¿Venimos de los monos?

- E.C., Kirk (2013), «Characteristics of Crown Primates», Nature Education Knowledge, vol. 4 (8), p. 3. Consultado en: https://www.nature.com/scitable/knowledge/library/characteristics-of-crown-primates-105284416

- Nick Patterson *et al.* (2006), «Genetic evidence for complex speciation of humans and chimpanzees», *Nature*, vol. 441, pp. 1103-1108. Consultado en: https://www.nature.com/articles/nature04789

- M.T. Slicox (2014), «Primate Origins and the Plesiadapiforms», Nature Education Knowledge, vol. 5 (3), p. 1. Consultado en: https://www.nature.com/scitable/knowledge/library/primate-origins-and-the-plesiadapiforms-106236783

¿Para qué sirve el apéndice?

- Charles Darwin (1871), *El origen del hombre*

- Heather F. Smith *et al.* (2013), «Multiple independent appearances of the cecal appendix in mammalian evolution and an investigation of related ecological and anatomical factors», *Comptes Rendus Palevol*, vol. 12 (6), pp. 339-354. Consultado en: https://www.sciencedirect.com/science/article/pii/S1631068312001960

- Michel Laurin, Mary Lou Everett y William Parker (2011), «The Cecal Appendix: One More Immune Component whit a Function Disturbed by Post-Industrial Culture», *The Anatomical Record*, vol. 294, pp. 567-579. Consultado en: https://onlinelibrary.wiley.com/doi/epdf/10.1002/ar.21357

¿Por qué ocurre el hipo?

- C. Straus *et al.* (2003), «A phylogenetic hypothesis for the origin of hiccough», *BioEssays*, vol. 25 (2), pp. 182-188. Consultado en: http://onlinelibrary.wiley.com/doi/10.1002/bies.10224/abstract

- Nancy L. Friedman (1996), «Hiccups: A Treatment Review, American College of Clinical Pharmacy», *Pharmacotherapy*, vol. 16 (6), pp. 986-

995 Consultado en: https://accpjournals.onlinelibrary.wiley.com/doi/abs/10.1002/j.1875-9114.1996.tb03023.x

¿Por qué los bebés son tan inútiles?
- Steven T. Piantadosi y Celeste Kidd (2016), «Extraordinary intelligence and the care of infants», *Proceedings of the National Academy of Science of the United States of America*, vol. 113 (25), pp. 6874-6879. Consultado en: http://www.pnas.org/content/113/25/6874.full

Parte 5: Dos de pilón

¿Qué es el efecto placebo?
- Erik Vance (2016), *Suggestible You: The Curious Science of Your Brain's Ability to Deceive, Transform, and Heal*. Consultado en: https://www.amazon.com/Suggestible-You-Curious-Science-Transform/dp/1426217897
- Fabrizio Benedetti *et al.* (2005), «Neurobiological Mechanisms of the Placebo Effect», *Journal of Neuroscience*, vol. 25 (45), pp. 10390-10402. Consultado en: http://www.jneurosci.org/content/25/45/10390.short
- Franklin G. Miller y Ted J. Kaptchuk (2008), «The power of context: Reconceptualizing the placebo effect», *Journal of the Royal Society of Medicine*, vol. 101 (5). Consultado en: https://journals.sagepub.com/doi/full/10.1258/jrsm.2008.070466
- Harvard Health Publishing (2017), «The power of the placebo effect: Treating yourself with your mind is possible, but there is more to it than positive thinking». Consultado en: https://www.health.harvard.edu/mental-health/the-power-of-the-placebo-effect
- L. Colloca *et al.* (2004), «Overt versus covert treatment for pain, anxiety, and Parkinson's disease», *Lancet Neurol.*, vol. 3 (11), pp. 679-684. Consultado en: https://www.ncbi.nlm.nih.gov/pubmed/15488461

- National Institute of Drug Abuse, «Opioids». Consultado en: https://www.drugabuse.gov/drugs-abuse/opioids

¿Por qué la ropa mojada cambia de color?

- John Lekner y Michael C. Dorf (1988), «Why some things are darker when wet», *Applied Optics*, vol. 27 (7), pp. 1278-1280. Consultado en: https://www.osapublishing.org/ao/abstract.cfm?uri=ao-27-7-1278

Este libro se terminó de imprimir en junio de 2019 en la Ciudad de México. La autora admite que utilizó un criterio completamente arbitrario para la elección de los misterios científicos e hilarantes aquí plasmados, y que se basó estrictamente en hechos desconcertantes experimentados por amigos y familiares cercanos (extraños, pues, dependiendo de la perspectiva predilecta del lector). El resultado es un despertar a las interminables preguntas curiosas que ni sabía que tenía, pero vaya que le complace contestar.